100만 원,
100일,
유럽여행

100만 원, 100일, 유럽여행

초판 1쇄 발행 2017년 10월 24일

지은이   김병선
발행인   안유석
편집장   이상모
편 집   전유진
표지디자인   박무선
펴낸곳   처음북스, 처음북스는 (주)처음네트웍스의 임프린트입니다.

출판등록 2011년 1월 12일 제 2011-000009호
전화 070-7018-8812 팩스 02-6280-3032
이메일 cheombooks@cheom.net

홈페이지 cheombooks.net 페이스북 /cheombooks
트위터 @cheombooks
ISBN 979-11-7022-130-2 03980

100만 원, 100일, 유럽여행

김병선 지음

히치하이킹과
카우치서핑으로 여행하기

처음북스

Day 0 to 23: 지금 떠나자.
청춘은 아직 부딪히고 깨지고 넘어져도 되니까.

Day 24 to 42: 생각보다 그리 힘들지 않은데?
성장하는 여행꾼

Day 43 to 75: 몸 좀 풀었으니 제대로 놀아보자!

Day 76 to End: 끝날 때까지 끝난 게 아니다!
긴장을 늦출 수 없는 여행의 끝자락

100일간의 경비 내역

총 경비: 1,000,000원(일백만 원)
지출 합계: −955,475원

1. 받거나 주운 돈: +113,342원(+10.6%)
2. 항공권: −380,850원(35.6%)
3. 교통비: −253,032원(23.6%)
4. 입장료: −181,040원(16.9%)
5. 숙박비: −168,814원(15.7%)
6. 식비: −54,941원(5.1%)
7. 쇼핑: −30,140원(2.8%)

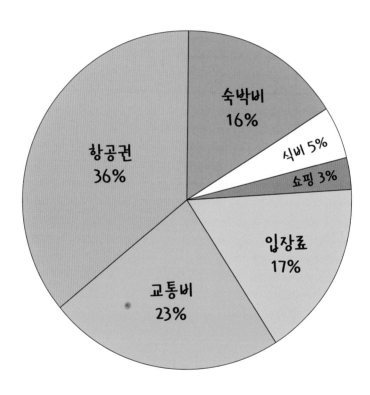

🚌 Day 0 to 23:
지금 떠나자.
청춘은 아직 부딪히고 깨지고
넘어져도 되니까.

에피소드 0.
생각보다 그리 거창하지 않은
여행 기획

        │ 우선, 여행을 떠나기 전 우리가 걱정하는 것에는 무엇이 있을까? 돈, 시간, 언어, 치안, 가족의 허락…… 여행을 떠나기에는 정말 많은 걱정거리가 있어. 돈이 있으면 시간이 없고, 시간이 있으면 돈이 없다는 말도 있잖아. 이 많은 걱정거리를 어떻게 제거했는지 알려줄게!

    제일 먼저 여행의 가장 큰 방해요소 1순위. 돈!

    처음 여행의 기획은 '365만원으로 365일 세계일주하기'였어. 그래서 차근차근 돈을 모으며 학교를 다니고 있었지. 그러다 학교에서 수업을 듣는데 교수님께서 해외탐방 기회를 주는 대외활동을 알려주셨어. 무료로 해외를 보내준다는 말에 혹(?)해서 여기저기

지원하기 시작했지. 그렇게 지원한 곳 중 유일하게 '기아워크캠프'
에 합격했는데, 마침 자유여행이 가능한 대외활동이었어. 대신 출
국은 6월부터 자유롭게 가능하지만, 입국은 꼭 9월 22일까지 해야
했어. 그래서 가장 빨리 출국해서 가장 늦게 입국하는 날짜로 맞추

다보니 100일 여행으로 바꾼 거야. 365만원으로 365일 여행하기는 365만원으로 유럽 왕복 비행기 표를 사서 떠나는 여행이었는데, 100만 원으로 100일 여행하기는 이렇게 얻어낸 비행기 표 덕분에 비행기 표 값을 벌 수 있었어.

학교를 다니면서 교외근로도 하고, 식당에서 아르바이트도 하면서 돈을 모았지만 월세, 공과금, 핸드폰 요금, 식비 등이 자연스럽게 통장을 스쳐지나가 모은 돈도 얼마 없었어. 어차피 여유 있는 여행은 어려웠지. 그래서 그냥 떠나기로 했어. 20대가 비싼 호텔에서 자고, 비싼 레스토랑에 가면서 여행을 하려면 큰 성공을 거두거나 엄마카드를 들고 가는 수밖에는 없잖아? 난 두 가지 모두 내 선택사항이 아니었으니 그냥 가진 돈으로 여행을 떠나기로 마음 먹었어. 이렇게 돈 문제는 해결했지(100만 원은 모았으니까!).

두 번째는 시간!

청춘에게 남아도는 게 시간이긴 한데…… 주변은 온통 취업준비 때문에 시간과의 싸움 중이었어. 방학 동안 기업에서 인턴을 하거나, 토익이나 HSK같은 시험 준비를 하거나, 공무원 시험을 준비하는 친구들뿐이었어. 게다가 이미 좋은 기업에 취직한 친구들의 소식은 떠나기 더 주저하게 만들었어. '이렇게 떠나도 될까? 여행 다녀오고 더 뒤처지면 어쩌지?'라는 생각도 들었어. 그래서 여행을 떠나기 전, 이 여행으로 내가 이루고자 하는 것을 분명하게 했어.

'여행 작가가 되자. 그리고 절대 내 선택을 후회하지 말자.'

단순히 시간과 돈을 시간을 소비하는 것이 아니라 여행을 생산적인 활동으로 바꿔보고 싶었어. 그리고 친구들이 취업걱정을 할 때 난 직업을 하나 만들어 오니까 좋을 것 같았지! 그래서 여행작가가 되기로 마음 먹었어. 그리고 모든 선택을 후회하지 않기로 마음먹고 나니 시간문제도 해결됐어.

세 번째는 언어!

돈이라도 많으면 한인민박 위주로 숙소를 잡고 한식이나 한국어 메뉴판이 있는 곳으로 여행을 다니면 되는데 그게 아니라면 언어 걱정을 안 할 수 없어. 돈도 없는데 외국에 아는 사람도 없이 여행한다고 하면 다들 내가 영어나 혹은 외국어를 꽤 잘 한다고 오해하는데, 사람들의 기대에 못 미쳐 미안(?)하지만 난 영어를 잘하는 편이 아니야. 솔직히 말하면 영어를 못하는 편이지. 하지만 커뮤니케이션은 잘하는 편이지! 무슨 말이냐고? 언어가 통하지 않더라도 손짓, 몸짓, 그리고 눈빛으로 상대가 말하고자 하는 바를 잘 파악할 수 있거든(영어를 잘하지 못한다는 말을 조금 멋지게 표현한 거야)! 그 외에 언어의 공백은 구글 번역기와 영어사전 어플을 이용해서 메웠어. 그리고 현지 언어는 현지에서 조금씩(인사와 '고맙습니다' 정도?)배워서 써먹었어!

언어는 '현지에서 막상 부딪히면 어떻게든 되겠지'라고 생각했는데, 생각대로 잘 풀렸어.

네 번째는 가족!

음…… 이건 쉽게 해결했어. 어떻게 했냐고? 몰래 비행기 표를 끊고, 말 안 하고 떠났거든! 여행 떠난 지 일주일 뒤쯤? 런던에 있을 때 프로필 사진을 런던에서 찍은 사진으로 바꾸니까 동생한테 연락이 왔어.

"오빠, 어디야? 유럽이야?"

"응."

"미친놈ㅋㅋㅋㅋㅋ"

아마 여동생이 가족들에게 이야기했겠지? 안 했다면 아마 아직까지도 아들이 유럽여행을 하고 온지도 모르실 거야. 덕분에 비교적 쉽게(?) 가족문제도 해결했어.

그 외에 여러 가지 위험, 가령 유럽의 치안 문제(테러가 많다 보니 더더욱) 등은 그냥 걱정으로 가지고 갔어. 도무지 머릿속에서 떨쳐낼 수 없어서 그냥 걱정하면서 여행하기로 했지. 어차피 이런 걱정은 고민한다고 해결되지 않으니까!

하루에 만 원으로 대한민국에서 생활하기도 힘든데, 내가 처음부터 말도 잘 안 통하는 유럽에서 하루 만 원으로 숙박, 식사, 교통, 심지어 축제나 파티까지 모두 즐길 수 있을 거라 생각했을까? 아니. 난 두바이에 도착하면 친구들한테 SOS보내고, 계좌로 돈 붙여달라고 부탁할지도 모른다고 생각했어.

근심, 고민, 걱정. 솔직히 없었다고 말하면 거짓말이야. 공항에 도착하기 전까지 수십 번도 더 여행을 잘 마칠 수 있을지 끊임없이 걱정했거든. 그런데 걱정이 밥 먹여주는 것도 아니잖아(실제로 여행 내내 걱정한다고 밥 먹는 일은 없었어……)?

그럼 이 많은 걱정만큼 준비도 철저하게 했……어야 했는데, 걱정은 많았지만 준비는 정말 미흡했어. 꼼꼼하게 하나하나 준비물을 체크하기는커녕 출국일 당일에 짐을 싸느라 엄청 고생했거든. 2016년 6월 18일에 출국이었는데, 17일에 기말고사를 보고, 아르바이트까지 마치고 집에 도착하니 밤 열한 시가 넘었어. 기말고사, 교외 근로 아르바이트, 식당 서빙 아르바이트를 하면서 일주일을 꽉 채워 쓰고 비행기 타기까지는 24시간도 안 남았는데 자취방 원룸 계약도 끝나서 이삿짐도 싸서 붙여야 했어. 결국 혼자서는 마무리 할 수가 없어서 친구를 불러서 새벽 다섯 시까지 이삿짐을 싸서 편의점 택배로 보내고 난 후에야 배낭을 쌀 수 있었어. 그래서 눈에 보이는 것과 아르바이트 중간중간 메모해 둔 것들을 보면서 물건들을 챙겨 넣었어.

비행기 표를 발권하고 한 달 정도의 시간이 있어서 필요한 물건을 조금씩 사두긴 했지만, 아쉽게 챙기지 못한 물건들도 많았어. 그나마 구급약과 밀짚모자는 공항 가는 길에 친구가 챙겨줘서 가지고 갈 수 있었는데 여행 내내 유용하게 썼어.

챙겨 갔더라면 좋았을 것도 있었고, 없어서 곤란한 것도 있었어. 하지만 가져간 물건 대부분을 유용하게 사용했어.

다음 리스트에 내가 실제로 가져간 물건과 가져갔으면 좋았을 물건을 모두 적어두었어. 혹시나 네가 나와 비슷한 여행을 계획하고 있다면 참고하길 바라! 하지만 이게 정답은 아닌 거 알지?

가져간 물건

- 배낭(90리터)
- 침낭(겨울용: 산에서 캠핑을 생각한다면 겨울용 필수!)
- 반팔 티셔츠(네 장)
- 반바지(두 장)
- 긴 바지(네 장): 청바지, 등산바지, 면바지, 레깅스.
- 얇은 외투(한 장, 방수 기능 있는 것으로)
- 속옷(다섯 장)
- 양말(일곱 켤레)
- 수영복
- 신발(세 켤레): 운동화, 샌들, 아쿠아슈즈(바다에서 유용하게 사용)
- 보드마카(히치하이킹에 굉장히 유용함!)
- 펜과 일기장(종이가 넉넉한 것 추천)
- 액션캠(배터리, 충전기, 셀카봉, 메모리카드 포함)
- 핸드폰
- 보조배터리(태양열 보조배터리 추천)
- 구급약(소화제, 감기약, 지사제)
- 얇은 천(이불용)
- 세면도구(여행용세트, 100밀리리터 이하)
- 여권 및 항공권 사본(필수!)

· 에코백

· 힙색

· 선물(전통부채, 전통지갑)

· 안경

· 선글라스

　그럼, 여행 시작한다!

에피소드 1.
두바이 부자와 초호화 숙박

│새벽 네 시. 두바이 공항에 도착한 시간은 새벽 네 시였어. 막상 비행기에서 내리고 보니 난 정말 아무 준비도 안 한 상태더라. 도착한 공항에는 이해할 수 없는 아랍어와 영어 안내 방송이 나오고 있었어. 공항 출구도 찾지 못해 '아차!' 싶어서 급하게 공항 와이파이를 연결해 정보 찾기를 시작했어. 다행히 부자 도시 두바이 공항은 한 시간 동안 무료 와이파이를 사용할 수 있었어.

환승정보, 스탑오버, 주요 관광지를 찾다보니 한 시간이 금방 지났어. 스탑오버는 환승하는 승객과 다르게 출국장으로 바로 나가면 돼서 걸어나갔어. 그리고 게이트를 지나는데, 태극기가 달린 짐 하나가 컨베이어 벨트에서 혼자 외로이 돌고 있는 걸 보았어. 내 짐

이더라…….

　스탑오버할 때는 수하물을 찾아서 다음 비행기를 탈 때 다시 붙여야 하는데, 그것도 모르고 짐 두고 그냥 나가고 있었던 거야. 두바이 정보를 찾느라 공항에서 한 시간을 보내는 동안 다른 사람들은 다 짐 찾고 나갔는지, 내 짐 하나만 달랑 남았더라. 만약에 바로 출국장에서 나갔다면……? 생각만 해도 아찔하지?

　첫날, 두바이 공항에서 '최소한 공항 관련 정보는 확실히 알아보고 가자'라는 첫 번째 여행 법칙을 세웠어.

'이제부터 히치하이킹으로 부르즈 칼리파(기네스북에 등재된 세계에서 가장 높은 건축물)를 보러가자!'며 새벽 다섯 시에 야심차게 공항을 나왔어. 와…… 근데 말로만 듣던 중동의 더위는 숨이 턱하고 막힐 정도로 덥더라. 새벽 다섯 시라는 게 믿기지 않을 정도로 덥고 찌는 날씨였어. 처음에는 그나마 해뜨기 전이라서 괜찮았는데, 몇 시간이 지나도 차들이 설 생각을 안 하는 거야. 그러다보니 몸이 점점 뜨거워졌어. 엄지 손가락을 들고 히치하이킹을 하는 게 처음이라 부끄러워서 손도 제대로 들지 못했는데, 한 시간이 지나고 두 시간이 지나면서 땀이 머리에서 뚝뚝 떨어지니까 눈에 보이는 게 없더라. 그래서 멋지게 엄지손가락을 '척'하니 들어 흔들고, 종이를 미친 듯이 흔들었지만 한 대의 차량도 세워주지 않았어. 주차되어 있는 차 근처에 있는 사람들에게 어디까지 가는지 물어보기도 했는데, 다들 도시 외곽으로 가는 길이라 태워주기 어렵다고만 했어.

두 시간쯤 히치하이킹을 하니까 공항 직원들이 다가와 짧은 영어로 "출구에서 가장 먼 곳은 외곽으로 가는 도로, 중간은 도심, 가까운 곳은 택시전용 차선이야"라고 말해주었어. 그 말을 듣고 자리를 이동했지만 큰 수확이 없어서 결국 두 시간 반 만에 히치하이킹을 포기했어.

두바이 일정은 하루뿐이어서(실제로는 이틀이 되었지만) 적당히 돈을 쓸 생각이 있었어. 공항으로 돌아오는 시간도 맞춰야 했고, 일정도 짧다보니 시간을 귀하게 쓰고 싶었거든. 그리고 언제 또 두바이

에 올지도 모르고! 그래서 지하철을 표를 사고 두바이 몰로 이동했어. 아쉽긴 했지만 차가 거의 다니지 않는 곳에서 시간을 버리고 싶진 않았으니까 과감히 포기했지. 그렇게 도착한 두바이 몰에서 세계에서 가장 높은 빌딩인 부르즈 칼리파와 세계에서 가장 큰 아쿠아리움(모두 기네스북에 등재)을 보았어. 두 곳 모두 부분 유료인 무료 관람이 가능해서 꽤 오랜 시간을 앞에 앉아서 구경하며 보냈어. 게다가 두바이 몰 전체에 무료 와이파이가 되어서(역시 부자 도시 두바이!) 인터넷도 자유롭게 사용했어. 그리고 한국에서부터 기대하던 사막투어를 하고 싶어 에미레이트 몰으로 이동했어. 그 근처에서 사막투어를 하는 차를 탈 수 있다고 했거든. 사막투어는 유료인데,

돈을 쓰더라도 사막 구경은 하고 싶어서 구매하려고 했어. 그런데 막상 도착해보니 모든 투어가 예약이 꽉차서 내가 탈 자리가 없다는 거야. 바닥에 앉아도 괜찮으니 가고 싶다고 했지만 안 된다는 답변만 돌아와서 어쩔 수 없이 돌아가야 했어. 솔직히 이때는 '여행 초반부터 예상대로 안 되네'라고 생각했어. 그 뒤에 이어질 황홀한 시간은 예상하지 못하고 말이야.

'숙식은 현지에 도착하면 알아서 되겠지'라는 정말 속 편한 마음으로 여행을 시작했는데, 막상 저녁쯤 되니 걱정이 되기 시작했어. 하지만 계획은 있었어. 계획은 총 세 가지. 가는 비행기 안에서 옆자리에 앉은 현지인에게 말을 걸고 집에 초대받는 게 플랜 A. 그런데 비행기 옆 자리에 한국인이 앉아서 실패! 자연스럽게 플랜 B로…… 플랜 B는 두바이 몰에서 만나는 현지인에게 초대받는 거였어. 몇 사람에게 다가가 자연스럽게 대화를 하면서 유도했지만 다들 어렵다고 했어. 마지막 플랜 C. 플랜 C는 사막투어를 마치면 막차를 타고 공항으로 돌아가 공항에서 공항노숙을 하는 거였어. 그런데 사막투어를 못했지 뭐야.

그래서 꽤 시간이 남아서 두바이 몰로 돌아가 와이파이를 이용해 '카우치서핑(현지인과 여행자가 각자의 카우치Couch를 제공하고 문화를 교류할 수 있도록 마련된 여행자 플랫폼 서비스)'으로 오늘 저녁에 날 자신의 집으로 초대해 줄 수 있냐는 메시지를 여기저기 보내기 시작했어. 그리고 그냥 마음 편안히 이것저것 구경했어. 어디서든 잘 수 있을 것 같았거든. 30명 정도에게 요청을 보냈는데, 점심쯤 한 명에게 답장이 와 있었어. 그 친구는 현지에 도착해서도 잘 곳이 없다는 내 메시지를 받고는 걱정된다며 자기 집으로 초대했어. 그렇게 우리는 약속 시간과 장소를 정하고 만나기로 했지.

무하마드Muhammad와의 만남은 이렇게 그의 따뜻한 마음씨 덕분에 이루어졌어. 이 친구는 두바이에 사는 샌프란시스코 출신의 미국인이었어. 서른 초반의 젊은 나이지만 아버지에게 물려받은 두 개의 공장을 잘 운영해서 큰 성공을 이룬 부자였지. 멀끔한 외모에 깔끔한 차, 말투와 행동에서 느껴지는 멋진 매너를 가진 그였지만, 이건 나중에 안 사실이고 처음엔 엄청 무서웠어. 솔직히 인터넷으로 몇 번 인사를 나눈 게 고작인데 바로 자기 집에 초대해 준다는 게 한국에서는 흔치 않은 일이잖아? 게다가 '인신매매'나 '여행자 납치' 같은 무시무시한 이야기 때문에 걱정이 이만저만이 아니었어. 무하마드에게는 미안하지만 그를 만나기 전에 친구들에게 잔뜩 연락을 했었어. 그 친구의 사진을 보내고 혹여 내가 다음 날부터 연락이 안 되면 꼭 국제 경찰에 신고를 해달라고……. 하지만 이런 걱정이 무색할 정도로 무하마드는 몹시 젠틀하고 멋진 사람이었어. 깔끔한 외모와 옷차림만큼이나 생각과 행동 모두 젠틀했는데, 처음 만나는 나를 몇 마디 하지 않고도 편안하게 만들어 주었어.

두바이 분수에서 만나서 차를 타고 5분 만에 친구의 집에 도착했어. 난 차에서 내리자마자 입을 다물 수 없었어. 왜냐고? 70층이 넘는 건물에서 잘 생각을 하니까 믿겨지지 않았거든! 36층에 위치한 그의 집에 도착했을 때 제일 먼저 눈에 들어 온 건 거실을 지나

정면에 보이는 넓은 베란다였어. 아니, 정확히는 그 베란다 뒤의 두바이 야경이었어. 부르즈 칼리파가 정면으로 보였어! 멋진 두바이 야경과 함께 말이야!

특1급 호텔 스위트룸보다 좋은 전망. 이게 현실인가 싶었어. 꿈을 꾸는 것 같기도 하고 말이야. 내 반응이 익숙했는지 무하마드는 웃으며 "집이 두 채인데, 네가 이 두 번째 집의 첫 손님이야. 그리고 넌 첫 한국인 친구야. 이 집에 온 걸 환영해!"라면서 다양한 설명을 해주었어. 그의 첫 번째 집은 해변가에 위치한 이 집만큼이나 높은 건물이라고 했어. 많은 게스트를 초대해왔는데 높고 전망 좋은 집에 초대받은 게스트들의 반응이 이제껏 비슷했다고 했어. 그리고는 집을 산 지 며칠 되지 않아 음식은 없지만 술과 물은 많이 있으니 마음대로 마시라고 했어.

좋아도 너무 좋은 집이어서 적응이 계속 되지 않았지만 정신을 차리고 무하마드와 내 여행과 관련한 이야기를 나누었어. 그는 내 여행 계획을 신기해하면서도 걱정하며 진심으로 충고했어. 너 정도의 영어 실력으로 그렇게 여행하면 길에서 죽을 거라며("Sun, I think you will die on the road." 아직도 기억해)······ 대화한 지 5분 만에 여행을 말리더라. 하지만 난 웃으며 "맞아. 난 영어를 못해. "Sorry?"를 몇 번씩 반복하며 되묻지만, 결국 우리는 대화를 잘하고 있잖아. 걱정 마 친구"라고 말했어. 내 영어 실력이 얼마나 안 좋냐고? 결국 한국에 돌아올 때까지 이 친구는 주기적으로 내 생사를 확인했을 정도니, 얼마나 걱정했는지 알겠지? 하지만 점점 갈수록 영어 실력 그리 중요하지 않아지는 일이 많아졌어(자세한 건 뒤에서 이야기할게!).

가벼운 대화를 나누고, 샤워를 좀 하고, 두바이 분수 쇼를 보려고 나갔다가 새벽 한 시가 되어서 돌아왔는데 무하마드가 집 앞에 날 내려주고 인사를 하는 거야. 난 당황했지. "어디가?"라고 물으니까 "넌 지금 피곤한데, 내가 집에 같이 있으면 불편할 거야. 그러니까 난 내 첫 번째 집으로 가서 잘 게. 편히 쉬어. 잘 자!" 라고 하며 다시 차를 타고 집으로 갔어. 아니······ 스무 명도 넉넉히 잘 수 있을 만한 집에서 내가 불편할 리가! 게다가 집에 들어오니 문자가 한 통 왔어. 'Do yo know how to open the suitcase for drinks'라고! 술이 캐리어에 있는데 여는 방법을 모를까봐 물어보는 문자였어. 하지만 더운 날씨에 몸이 피곤하기도 했고, 베란다에서 야경을 조금 더 즐기기 싫어서 술은 마시지 않고 배낭을 정리하고, 여행을 마무리했어.

이렇게 무하마드의 초대 덕분에 초호화 빌딩에서 두바이의 환상적인 야경을 보면서 여행 첫날을 잘 보낼 수 있었어. 무전여행 혹은 소전여행하면 우리는 보통 불편한 잠자리, 영양이 부족한 식사, 힘들고 위험한 일의 연속을 쉽게 연상하지. 하지만 어때? 오히려 호텔보다 더 멋진 전망을 가진 빌딩과 비싼 술과 음료가 가득한 곳에서 여행을 시작했는데 아직도 그렇게 생각해? 어떤 걱정을 하고 생각을 해도 여행을 하면서 그 생각이 변하고 깨지고 뒤집힐 거야! 이제 시작인데, 놀랍지?

100만 원으로 여행할 수 있는 꿀팁 1.

이슬람이 국교인 국가에는 라마단 기간이 있어. 라마단이란 아랍어로 '더운 달'을 뜻하는데, 이슬람식 달력으로 9월이고 우리가 사용하는 달력으로는 보통 6월 정도야. 라마단에는 많은 아랍인들이 해가 떠 있는 동안 철저히 금식을 해. 때문에 식사하기가 꽤 까다로워. 많은 레스토랑이 오후 늦게 열거든. 내가 여행한 2016년에는 6월 6일부터 7월 5일까지 라마단이었는데, 여행 일정이 이 시기와 맞물려 현지인의 집에 초대받아도 음식을 먹기 굉장히 힘든 기간이었어. 다행히 두바이 현지인이 아니라 미국인 무하마드의 집에 초대 받아서 괜찮았지만, 이럴 확률이 높지 않으니 꼭 주의해야 해. 아니면 함께 라마단을 즐기며 체험하거나!

에피소드 2.
영국행 비행기 탑승거부

| 잘 탑승한 비행기에서 갑자기 내려본 적 있어? 그것도 나만 빼고 비행기가 출발한 적이……? 영화에서나 보던 일이 나에게 일어났어. 그것도 아직 유럽여행을 시작하기도 전에!

사건의 발단은 아주 사소한 일이었어. 난 원래 코피가 잘 나는 편이야. 어릴 적부터 아무 이유 없이 코피가 난 적이 많아서 이제는 코피 흘리는 내 모습을 봐도 친구들이 무덤덤할 정도야. 병원에도 가봤지만 의사선생님은 몸에는 아무 이상도 없다며, 건강해서(?) 그럴 수 있으니 걱정 말라 하셨어. 두바이-영국 행 비행기를 타려고 공항에 도착해서 체크인을 다 마치고 승객들이 탑승을 시작할 때 코피가 갑자기 또 나오기 시작했어. 생각보다 많이 났는데 아마 피

곤해서 그랬던 것 같아. 익숙하다 보니 화장실에서 5분 정도 지혈을 했어. 그래도 혹시나 갑자기 또 흐를까봐 휴지로 코를 막고 비행기를 탑승했어.

코피와는 상관없이 신사의 나라 영국으로 떠난다는 마음에 승무원에게 밝게 인사를 하고 자리에 앉으려는데, 승무원이 나에게 물었어. 어디 아프냐고. 그래서 난 아주 가볍게 "응. 그냥 코피가 좀 났어"라고 대답했어. 그러고 지나가려니까 날 붙잡고 이것저것 더 묻기 시작했어. 앞서 내가 영어를 못하는 편이라고 이야기한 거 기억하지? 잘 알아듣지 못해서 "Sorry?"라며 되묻기를 몇 번 반복하다가 알아들은 대로 대답했어. 승무원은 답변을 다 듣고 내 좌석번호를 적고 나서야 날 보내 줬어. 그때까지도 별일 없겠거니 싶었는데…… 10분쯤 지났나? 다들 착석하고 나서 기내 방송이 나오는데 아까 그 승무원이 다른 승무원 두 명을 더 데리고 내 앞으로 왔어. 그러더니 다시 나에게 이것저것 묻더니 좌석을 옮기자고 했어.

이때까지도 상황이 나쁘지 않다고 생각했어. 창가 쪽 좌석인 기존의 내 자리도 좋았는데, 다리를 뻗을 수 있는 맨 앞자리로 바꿔줬거든. 세 명의 승무원은 내 앞에서 알아듣기 어려운 빠른 영어로 무언가를 계속 이야기했어. 큰일도 아닌 코피 때문에 왜 이러지 싶었지만 난 그냥 운이 좋으면 비즈니스 석으로 옮겨주려나? 이렇게 즐거운 상상을 하며 조용히 앉아 있었어. 그런데 갑자기 의료팀이 뛰어오더니 나보고 일어나라고 했어. 들것까지 가져온 의료팀을 보니까 갑자기 이게 무슨 일인가 싶었어. 상황을 짐작해보니 아마 코피가 자주 나냐고 물어본 게 아니라, 오늘 코피가 몇 번이나 났냐는 질문에 자주 났다고 대답을 한 것 같았어. '아차!' 싶었을 땐 이미 들것에 실려서 공항 의무대에 도착한 후였지. 나중에 의무대에서 이야기해준 바에 따르면 출혈 환자는 비행기 탑승이 어렵다고 하더라. 기압차 때문에 출혈이 더 심해질 수 있기 때문이라고 했어.

당연히 별 문제 아니었으니 5분만에 검사를 마치고 몸에 큰 이상이 없다는 확인서를 받아 다시 공항 카운터로 갔어. 더욱 날 절망하게 한 건 카운터 직원이었어. 분명히 승무원은 내가 내려도 항공권을 무료로 재발권해 준다고 했어. 그런데 카운터에서는 추가 요금을 내야 한다는 거야. 몇 번을 이야기해도 카운터 직원은 단호했어. 난 다른 방법이 없는지 꽤 오랜 시간을 물어봤지만 추가요금을 내는 방법 외에는 없었어. 다행히도 기아워크캠프에서 왕복항공권 제공과 함께 여행자 보험을 들어주었는데, 그걸로 다시 환급 받을 수 있다고 했지. 그렇게 결국 피와 같은 12만원의 추가 금액을 내고 새 비행기 티켓을 발급 받을 수 있었어.

공항 의무실을 다녀오고 오히려 더 큰 스트레스를 받아서 체크인을 마치고 다시 공항 라운지에서 쉬면서 다음 비행기를 기다리는데 또 코피가 흐르기 시작했어. 너무 쉽게 흐르는 코피가 원망스러워서 화장실에서 분노의 표정으로 흐르는 피를 물로 쓱쓱 헹구는데 이번에는 그 모습을 본 조종사가 화장실에서 의무대로 가야한다며 말을 거는 거야. 이러다간 두바이 공항에 갖힐 수 있겠다는 생각에 약간 짜증 내면서 신경 쓰지 말라고 했는데도 그는 5분 넘게 계속 옆에서 뭐라고 하더니 직원을 부르겠다고 했어. 난 그런 그를 말리다 결국 도망치듯 화장실을 나왔어. 다행히 그는 날 다시 찾지 못했고, 난 아무 탈 없이 다음 비행기를 타고 런던에 잘 도착할 수 있었어.

아마 하루만 머물다 가는 내가 아쉬워서 두바이가 날 보내고 싶지 않았나 봐.

작은 상처도 상공에서는 터지거나 크게 벌어질 수 있으니 승무원의 안내를 따라서 검사를 받는 것이 좋아. 하지만 다시 비행기를 타기 직전 코피가 난다면? 글쎄…… 난 잘 모르겠어.

100만 원으로 여행할 수 있는 꿀팁 2.

긴 여행을 떠난다면 '여행자 보험'은 꼭 드는 편이 좋아. 여행 중 어떤 사건사고가 생길지 아무도 모르잖아. 분실물 보상뿐 아니라 병원비까지 보험혜택이 가능해 마음의 부담을 덜 수 있어. 물론 큰 일 없이 여행을 잘 마치고 오는 게 가장 좋겠지?

에피소드 3.
새벽 한 시,
1파운드 아끼려다
런던 6존에서 길을 잃다

| 난 런던이 서울보다 1.5배나 큰 도시라는 걸 런던에 도착하고 나서야 알았어. 대중교통 정보도 런던 히드로 공항에 도착한 후에 찾아봤는데, 교통도 서울 못지않게 복잡하고 어렵더라.

런던은 Tube(지하철)로 1~6존까지 나눌 수 있는데, 대부분의 관광지가 1존과 2존에 모여 있어. 3존과 4존은 윔블던과 한인 타운이 있어서 학생이 많이 살고, 5존과 6존은 관광객이 거의 가지 않는 곳이야. 특히 6존은 히스로 공항이 위치해 있고 도심과는 30킬로미터 이상 떨어져 있어. 그래서 난 최대한 1~2존 사이에 살고 있는 카우치서핑 호스트에게 날 초대해 줄 수 있는지 물어보았어. 아침 일찍 히스로 공항에 도착했지만, 점심 시간이 다 지나도 아무에게도

연락이 오지 않아서 위치와 상관없이 런던 시내에 거주하는 많은 호스트에게 메시지를 보냈어. 그렇게 늦은 점심 시간쯤 자신의 집에 초대하고 싶다고 란잔Ranjan에게서 연락이 왔어. 특히 호스트를 구하기 힘들다는 런던이기에 날아갈 듯 기뻤지만 한 가지 아쉬운 점이 있었어. 란잔의 집은 6존에 있었거든. 그렇지만 지금 잘 곳이 생겼는데 재고 따지고 할 상황이 아니기에 기쁜 마음으로 그를 만났어. 잘 곳이라면 1존의 길바닥과 6존의 집은 비교가 안되잖아?

런던 대중교통은 한국에 비해 많이 복잡하더라. 출퇴근 시간인 피크타임에 교통비가 더 비싸고, 존zone에 따라서 교통비가 달라. 1일 한도가 정해져 있어서 그 상한가 이상으로 돈이 빠져 나가지는 않지만, 결코 적은 금액은 아니야. 특히 다른 존끼리는 교통비가 그렇게 크게 차이가 나지 않는데, 6존은 유독 1~2존까지 가는 비용이 비쌌어. 자세한 이야기를 같은 집에서 지내는 모하메드에게 들었는데, 버스만 이용하면 4.5파운드고 지하철과 버스를 함께 이용하면 6파운드를 내야한다고 했어. 그런데 난 100만 원으로 100일을 여행하는 여행자잖아? 그래서 1파운드라도 더 아끼려고 버스만 이용해서 런던 시내를 구경하기로 마음먹었어.

돈이 넉넉하지 않기도 했고, 란잔과 함께 시간을 보내고 싶어서 런던 시내 구경은 딱 하루만 하기로 정했어. 하루는 란잔네 집 앞마당의 잔디를 깎기도 하고(답례를 꼭 하고 싶다고 몇 번이나 이야기하니까 그제야 란잔은 집 앞 잔디깎기를 부탁했어. 처음 해보는 잔디깎기였는데 힘들지 않고 재밌었어) 같이 피쉬 앤 칩스Fish&Chips(영국의 대표 음식)를 먹으며

시간을 보냈어.

　날이 흐리기로는 둘째라면 서럽다는 런던의 날씨라고는 믿기지 않을 정도로 맑은 날이어서(전 날 밤새 천둥번개를 동반한 비가 내렸다는 사실이 무색할 정도로) 한복을 곱게 차려입고 런던 시내로 떠났어.

　6존에 위치한 란잔의 집에서 1존으로 향하는 길은 초행이었지만 어렵지 않았어. 2층 버스 앞자리는 신기했고, 중간중간 버스창문이 격하게 나뭇가지에 부딪히며 나는 소리도 그저 신나기만 했어. 지하철과 기차를 타면 한 시간이면 갈 거리를 버스로만 가니까

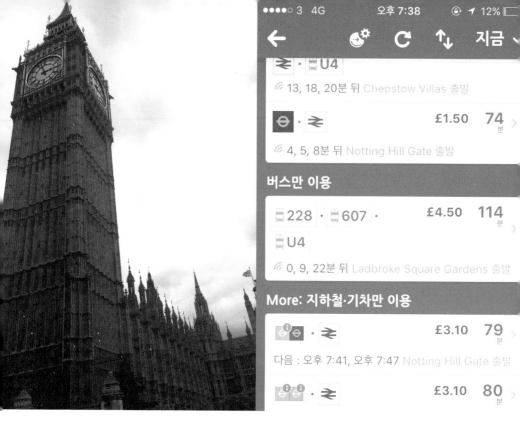

환승을 세 번 하고, 세 시간이나 걸려서 런던의 명소 빅벤에 도착했어. 내 일정에서 런던 시내 구경은 딱 하루니까 바쁘게 여기저기 모두 둘러보기로 했어. 노팅힐과 피카딜리서커스, 소호거리를 구경하고 필요하던 유심까지 샀지. 그것도 무려 20파운드나 주고 말이야. 너무 비싸서 가게에서 살까 말까 계속 망설였는데, 이게 신의 한수가 될지 이때는 몰랐어.

　오전의 화창한 날씨가 오후가 되자 점점 흐려지더니 세차게 비가 오기 시작했어. 그래서 비도 피하고 시간도 보낼겸 무료 입장인 대영박물관과 테이트 모던에서 전시를 관람하고, 테이트 모던 전망대에서 시간을 보냈어. 역시 볼거리가 풍부한 런던답게 가려던 명소를 다 구경하지도 못했는데도 저녁 아홉 시가 훌쩍 넘더라. 중심부에 온 김에 런던의 야경까지 보고 가고 싶었는데, 막차가 끊길까 두려워 서둘러 집으로 향했어. 그런데 아무리 기다려도 버스가 오질 않는 거야.

이때부터 문제가 시작됐어. 결국 다른 버스를 타려고 정류장을 옮겼는데, 이동하면서 알게 된 사실은 내가 기다리던 버스가 오는 길이 공사 중이었다는 거야. 그래서 와야 하는 버스가 오지 않은 거였어. 게다가 차도뿐 아니라 인도까지 공사 중이어서 20분이면 갈 거리를 한 시간 넘게 헤매고 나서야 다른 정류장에 도착했어.

유심을 이용해 어플을 다운받아 돌아가는 길을 다시 찾았는데, 버스로만 이동하다 보니 환승을 네 번 해야 돌아갈 수 있다는 사실을 알았어. 꽤 긴 시간을 버스가 오지 않는 정류장에서 시간을 많이 보내고 헤맨 탓에 열한 시가 넘어서 첫 버스를 탔는데, 핸드폰 배터리가 2퍼센트밖에 남지 않았더라고. 핸드폰이 꺼지기 전에 환승 버스 번호와 내리는 정류장 이름을 외워야 한다는 생각을 하니까 마음이 급해졌어(이 날 이후로 여행을 다닐 땐 배터리를 아끼며 다니겠다고 다짐했어). 결국 두 번째 버스까지는 환승을 잘 했는데, 세 번째 정류장에 내리자마자 배터리가 나갔어.

문제는 내 멘탈도 같이 나갔는지 외우려고 노력한 정보가 대부분 기억나지 않았어. 그나마 배터리가 나가기 전 내가 필사적으로 외워서 생각난 정보는 두 가지였어. 다음 버스를 타려면 5분 정도 걸어서 다른 정류장으로 가야 한다는 것과 한 번 환승을 해야 한다는 것.

하필 버스가 날 내려준 곳은 무인 주유소와 몸집과 얼굴이 골드버그(WWE 프로레슬링 선수) 닮은 세 명의 형들이 하나뿐인 야외 테이블에서 맥주를 마시며 날 빤히 쳐다보는 맥주 가게, 근처에 가게라곤 딱 두 곳 있는 어두운 골목길이었어. 저 형들에게 스피어(골드버그의 피니쉬: 레슬링 기술)를 맞지는 않을까 걱정하며 발만 동동구르다 무인 주유소에서 주유하던 남자에게 도움을 요청했어. 운 좋게도 그는 몹시 친절한 런더너였어. 구글 지도를 이용해서 날 최대한 도와주려고 노력했거든.

하지만 그와 대화를 하면서 내가 얼마나 대책 없이 외출을 시도했는지 깨달았어. 그가 나에게 집 주소를 물어봤는데 내가 동네 이름이나 란잔의 집 주소도 모르고 있더라고. 이 친구는 얼마나 황당했을까? 집 가는 방법을 잃었다는 애가 집 주소도 모르니……. 있는 대로 기억을 더듬어서 동네 이름이 힐링턴이라는 걸 기억해냈어(정확히는 '헤이즈 앤 힐링턴'이었어). 그리고 집에서 나올 때 탄 버스 이름이 U4라는 것도 생각해냈지. 그는 U4노선을 검색해서 돌아가는 길을 찾아주었어. U4는 하나밖에 없는데 집이 종점이어서 쉽게 찾을 수 있었어. 그리고 이 친절한 런더너는 그 버스를 타는 다음 정류장의 위치까지도 자세히 알려주었어. 난 그의 친절한 설명 덕분

에 다음 버스를 잘 탈 수 있었어.

집으로 가는 마지막 버스인 U4를 타기 전, 마지막 정류장에서 시간을 보니 새벽 한 시가 넘었어. 버스를 기다리는 사람들에게 내가 가는 방향이 맞는지 확인하려고 길을 물었어. 새벽 한 시에, 비까지 오는데, 관광객이 거의 없는 6존에, 동양인이, 한복을 입고 돌아다니는 모습이 얼마나 신기했겠어. 그런데 환하게 웃으며 한 여성이 U4를 타는 정류장까지 가는 법을 포스트잇에 적어서 나에게 건네주었어. 게다가 내려야 하는 정류장이 다가오자 여기저기서 "여기서 내려!"라고 외쳤어. 자신에게 물어보진 않았지만 다들 내가 길을 묻는 걸 듣고 도와주고 싶은 마음에 내릴 곳을 알려 준거야. 심지어 한 아름다운 여성은(기억이 항상 정확할 순 없지만 그녀는 정말 엄청난 미인이었어) 같은 정류장에 내려서 길을 같이 건너면서 "여기서 U4를 타면 돼"라고 알려주고, 버스가 올 때까지 같이 기다려주었어. 난 "너도 여기서 같은 버스를 타?"라고 물어보았는데, 그녀는 "응. 그래서 너랑 같이 기다리는 거야"라고 대답했어. 그런데 내가 U4 버스를 타니까 그녀는 손을 흔들며 반대편 정류장으로 돌아가는 거야. '뭐지?' 싶어서 다시 생각해보니 "나는 같은 버스를 타진 않는데, 너를 기다려 주는 거야"라고 한 걸 내 영어가 짧아서 잘못 이해한 것 같더라.

난 여행 전에 '런더너는 시크하다'는 이야기를 많이 들었어. 하지만 현실에서 직접 만난 런더너는 시크와는 거리가 먼 마음이 따뜻한 사람들이었지. 1파운드를 아끼려다 한 시간이면 갈 거리를 다섯 시간이나 걸려서 도착했지만, 덕분에 겉보기에는 시크하지만 속은 정말 따뜻한 런더너들을 만난 좋은 경험이었어. 많은 사람들이 런던의 밤거리를 무서워하지만 난 길을 잃어도 편히 다닐 수 있어. 왜냐면 또 어디선가 내가 길을 잃으면 '친절한 런더너'가 날 도와줄 거라고 믿거든!

100만 원으로 여행할 수 있는 꿀팁 3.

숙박비와 식비가 여행에서 가장 큰 비중을 차지하는 건 맞아. 그렇지만 조금씩 새어나가는 교통비를 무시할 수 없지! 특히나 소전여행에서는 교통비가 식비보다 더 많이 들 수도 있어. 내가 그랬거든(유럽 저가항공 비행기 여섯 번=총 약 38만 원, 여행 총 식비=약 5만 원). 그렇기에 각 나라 교통에 대해 잘 알고 가면 돈을 아끼는 데 많은 도움이 돼. 런던의 교통 시스템은 매우 복잡한데, 1일 한도가 정해져 있어서 여러 번의 대중교통을 이용하더라도 하루에 빠져나가는 최대 금액은 같아. 그리고 존 별로 한도가 달라서 버스만 타거나 지하철과 버스를 동시에 이용할 때의 비용이 각각 다르니 내가 있는 존을 꼭 확인하고 그에 맞춰서 이동경로를 잡는 게 중요해. 운 좋게 1존이나 2존에서 숙소를 구했다면 걸어 다녀도 충분해!

에피소드 4.
택시도 히치하이킹이 가능하다!

　여행에서 가장 즐거운 순간 중 하나는 비행기를 타고 다른 도시나 나라로 이동할 때인 것 같아. 처음 마주하는 도시와 사람들에 대한 궁금증과 설렘을 안고 승무원 누나에게 기내식을 받아먹는 즐거움! 기내식은 없었지만 런던을 떠나 부다페스트로 향할 때의 내 마음도 그랬어. 부다페스트에서는 어떤 사람을 만나고, 어떤 일이 일어날지 궁금했거든. 이런 즐거운 상상을 하면서 공항에 도착했지만 난관에 부딪혔어. 공항 내에 와이파이가 안 됐거든. 게다가 런던에서 산 유심은 헝가리에서는 사용이 불가능했어. 걱정을 사서 하는 게 싫어서 여행에 필요한 정보는 현지에 도착해서 찾아왔는데 공항에서 도심까지 얼마나 걸리는지도 모르는 건 물론이고 공항출구도 몰랐어. 그래서 일단 문을 따라서 나와보니 다행히 부다페스트 공항이 작아 출구가 하나뿐이었어.

어차피 공항에서 도심으로는 이동해야 하니까 공항에서 부다페스트 시내로 가려고 출구에서부터 히치하이킹을 바로 시작했는데, 다섯 대만에, 겨우 다섯 대만에(런던 히드로 공항에서는 네 시간 반만에 히치하이킹에 성공했는데, 아마 차 1000대는 지나갔을걸……?) 차 한 대가 내 앞에 섰어. 하지만 아쉽게도 택시였어. 그래서 난 "Sorry, I don't have money"를 외치며 택시를 보냈어. 그런데 택시가 몇 미터 가지 않아 멈추고 후진하더니 "그냥 태워줄게. 타!" 이렇게 말하는 거야! 그냥 태워준다는 말이 믿기지 않아서 몇 번을 확인했어. 난 돈이 없어서 택시를 타지 못하고 히치하이킹을 하는 중이라고.

그런 나에게 택시 기사 아저씨는 환하게 웃으며 말했어.

"너 돈 없는 거 알겠어. 그냥 가는 길에 심심하기도 하고, 네 이야기가 듣고 싶어서 태워주는 거니까 어서 타!"

운이 워낙 좋으니까 의심이 조금 들었어. 실은 전날 런던 루턴 공항에서 부다페스트에 대한 정보를 찾아보다가 동유럽 택시는 마피아와 연관이 많아 위험하다는 이야기를 들었어. 그 이야기가 생각나면서 조금 걱정됐지. 하지만 좋은 사람일 수도 있는데 티를 낼 순 없잖아? 도심까지 가는 동안 택시 기사 아저씨에게 내 여행 이야기를 하는데, 아저씨가 대뜸 목이 마를 테니 자두 하나를 먹으라며 주었어.

여행 중 정말 해서는 안 되는 일 중 하나가 낯선 사람이 주는 음식을 함부로 먹는 거잖아? 게다가 혼자 탄 차 안에서 낯선 사람이 주는 음식을 먹다니! 난 정중히 거절하⋯⋯기는커녕 고맙다고 말하고 별 생각 없이 자두를 한 입 크게 베어 물었어. 그런데 갑자기 혀에서 짜릿한 느낌이 들었어! 자두가 정말 달고 맛있어서 짜릿하더라고. 지금 다시 생각해도 참 달고 맛있는 자두였어. 내가 맛있게 먹으니 아저씨가 흐뭇해하며 한 개를 더 주시더라. 짜릿하게 맛있는 자두를 먹으며 이런저런 이야기를 나누다보니 어느새 부다페스트 시내 중심부에 도착했어.

　기사 아저씨는 도시 중심부에 날 내려주고, 날이 더우니 물도 가져가라며 1리터짜리 생수를 챙겨주었어. 그리고 함께 사진을 찍고 포옹으로 마지막 인사를 하고 헤어졌어. 끝까지 친절한 아저씨 덕분에 부다페스트를 보기도 전부터 이 도시가 좋아졌어. 부다페스트 여행의 시작이 좋을 거라는 예감도 들었지!

　기사 아저씨가 내려준 곳 바로 뒤에는 버거킹이 있었는데, 버거킹에서 와이파이를 잡고 카우치서핑을 확인하니 멀지 않은 곳에서 살고 있는 호스트 비비안Vivien의 메시지가 와 있었어. 친절한 아저씨의 좋은 기운이 나에게도 전해졌는지 비비안은 정말 친절한 호스트였어. 그는 친절하게 자신의 집으로 오는 방법부터 부다페스트의 정보(물가, 좋은 레스토랑, 관광지 정보, 심지어 환율까지 꼼꼼하게 적은!)를 적은 정성스러운 메시지를 보내주었어. 해가 높게 떠서 더위가 심해지고 있었는데, 기사 아저씨가 내려준 곳에서 비비안네 집이 가까운 덕에 쉽고 빠르게 갈 수 있었어.

    택시기사가 자신의 차를 무료로 태워주는 것은 쉽지 않은 일이야. 하지만, 도움이 필요한 사람을 돕고 싶어 하는 사람은 이런 손해를 감수하기도 해. 부다페스트의 친절한 택시를 타기 전까지만 해도 택시를 히치하이킹할 거라곤 생각도 못 했어. 하지만 그건 나의 편견이었다는 걸, 세상에 불가능하거나 어려울 일은 없다는 걸 부다페스트 택시 안에서 깨달았어. 부다페스트에서 만난 택시 기사 아저씨 덕분에 여행을 마치고 난 지금은 도움이 필요한 사람을 만나면 조금 내가 손해 보더라도 기쁜 마음으로 도움을 주고 있어. 아! 물론 택시에서 주는 음식을 나처럼 덥석덥석 함부로 먹으면 안 돼! 알지?

100만 원으로 여행할 수 있는 꿀팁 4.

유럽을 한 달 이상 여행할 때 현지에서 유심 칩을 사는 경우가 많아. 하지만 꼭 필요하진 않아. 일반적으로 공공시설에는 시민을 위한 무료 와이파이를 제공하는 곳이 많거든. 시간 제한을 두거나 돈을 지불해야만 하는 경우도 있지만 말이야. 그리고 유심 가격이 그리 저렴한 편도 아니고, 사용할 수 없는 지역도 있어. 난 보통 구글맵을 이용할 때 많이 사용했는데, 이럴 때 GPS는 인터넷이 안 돼도 가능하니까 목적지를 '즐겨찾기'로 지정하면 내가 잘 가고 있는지 알 수 있어.

에피소드 5.
주인 없는 집, 세상 제일 쿨한 남자

|집에 초대를 받았는데 집 주인
이 없다? 세상에 이렇게 쿨한 사람이 있을까 싶은 사람을 부다페
스트에서 알게 되었어. 카우치서핑을 통해 내 메시지를 받은 비비
안은 '나에게 널 초대할 수 있는 기쁨을 주지 않을래? 부디 나의 집
으로 와줘!'라며 세상 가장 친절한 답장을 보내주었어. 카우치서핑
에서 초대요청 수락 버튼을 누르자마자 난 여행 내내 받아본 메시
지 중 가장 장문의 메시지를 받았어(여행을 마친 지금도 이 친구보다 길
게 메시지를 보낸 친구는 단연코 없어). 집으로 가는 방법과 비밀번호부
터 부다페스트 관광명소와 괜찮은 레스토랑 정보 심지어 환율과
환전에 대한 것까지 세세한 정보가 적혀 있는 메시지였지. 메시지
를 꼼꼼히 읽어보고 이 친구와의 만남을 기대하며 들뜬 걸음으로

집을 찾아갔어. 집에 도착하니(문 여는 법까지 상세히 적혀 있어서 현관문까지 직접 열었어) 몇 명의 친구들이 한 쪽 벽에 설치한 대형 스크린으로 영화를 보고 있었어. 집에는 고양이 두 마리, 그리고 그의 룸메이트가 살고 있었어.

비비안의 집은 방이 1층에 한 개, 2층에 두 개가 있었는데 2층 방 하나는 룸메이트가 사용하고, 나머지 방 하나는 게스트 전용 방이었어. 게스트룸의 침대 두 개 중 하나는 킹사이즈 침대여서 두 사람이 자기에 충분했고, 남은 하나는 일반 사이즈여서 총 세 명의 게스트가 머물 수 있었어. 게스트 룸에는 바람을 쐬며 쉴 수 있는 발코니까지 있었고, 거실의 한 쪽 벽에 설치한 대형스크린으로 영화를 보는 친구들까지 보니 마치 외국 영화의 한 장면 같았어(그래서 더욱 '내가 지금 외국에 왔구나!'를 실감했지!).

난 2층에 짐을 풀고 비비안에게 고마움을 전하려고 인사를 하러 내려갔는데, 두 친구 모두 자신은 비비안이 아니라고 했어. 한 명은 룸메이트였고, 한 명은 나와 같은 초대받은 여행자였어. 룸메이트는 비비안이 지금 여행 중이라 며칠 뒤에나 온다고 했어. 그러고는 배가 고프면 냉장고에서 음식을 꺼내 먹으라고 했어. 그래서 난 짐을 풀고 간단히 집에 있는 음식으로 배를 채우고 발 닿는 대로 돌아다녔어. 호스트가 집에 없다 보니 함께 무언가를 하지 않아도 되니까 가고 싶은 곳도 보고 싶은 것도 다 편하게 가서 볼 수 있었어. 물론 난 현지인과 함께 시간을 보내길 바랐는데 그러지 못해서 아쉬움은 있었지만 대신 훨씬 자유롭게 여행을 했어.

카우치서핑의 장점이자 단점은 호스트와의 관계야. 카우치서핑을 숙박 비용을 아끼기 위해서만 사용한다면 호스트와 게스트 모두에게 불편할 수 있어. 게스트는 관광지를 보러 다니고 싶은데 호스트는 너무 자주 봐서 가고 싶어 하지 않을 때가 많아. 서울 사는 사람이 매일 경복궁을 보러 가는 건 조금 피곤하잖아? 그래서 호스트와 적절하게 시간을 맞추는 것이 정말 중요한데, 호스트가 집에 있지 않기에 이런 조율 자체가 필요 없었어. 하지만 난 호스트와 시간을 보내는 걸 좋아해서 아쉬움이 더 컸어.

비비안은 카우치서핑을 이용해 최대한 많은 사람을 효율적으로 초대하고 싶어 했어. 그래서 스케줄 표 가득 사람을 초대했어(내가 첫 한국인 게스트가 아니었어. 어떻게 알았냐고? 냉장고에 무려 고추장이 있었거든!). 지금까지 200명이 넘는 게스트를 초대한 그는 자신이 집에 없을 때도 전 세계의 많은 여행자를 집으로 초대했어. 덕분에 그의 집은 단순히 여행자가 머무는 곳을 넘어서 여행자끼리 친구가 되고, 함께 여행을 하고, 정보를 교환하는 하나의 플랫폼이 되었어. 나 또한 여기서 좋은 친구를 사귀었어. 터키에서 온 퓨칸^{Furkan}은 비비안이 초대한 나와 같은 여행자인데, 우리는 대화하면서 서로 비슷한 여행을 한다는 사실을 알았고, 히치하이킹으로 오스트리아의 비엔나까지 함께 떠났어.

매일 끊임없이 누군가는 떠나고, 누군가 새롭게 들어오는 비비안의 집에서 3일째가 되던 날. 나는 첫날 본 여행자 친구처럼 거실에서 맥주를 마시며 룸메이트와 함께 영화를 보고, 발코니에서 책을 읽으며 여유로운 시간을 보냈어. 그리고 나처럼 비비안을 찾는 게스트를 만나고 인사하며 자연스럽게 친구가 되었어. 비비안을 찾으며 어리둥절해하는 게스트들을 보니까 내 첫날 모습이 저랬겠구나 싶으면서 웃음이 나오더라.

물론 이처럼 초대한 집 주인이 집에 없는 건 여행자가 자유롭게 시간을 쓸 수 있다는 장점이 있지만, 나처럼 시간을 함께 쓰길 원하는 여행자에게는 꼭 좋지만은 않았어. 런던에서는 배가 고프면 함께 음식을 사먹기도 하고 만들어 먹기도 했는데 여기는 혼자 만들어 먹을 수밖에 없었거든. 자취 생활을 오래하기도 하고 다양한 아

르바이트 경험 덕분에 이런저런 요리를 할 줄 알아서 크게 부담은 없었는데, 문제는 집에 식재료가 많지 않다는 거였어.

　감자튀김만 넘치도록 많아서 간식으로 감자튀김을 튀긴 후에 '고추장'을 찍어먹기도 했어. 동서양의 만남이 생각보다 조화로워서 룸메이트에게 고추장을 찍은 감자튀김을 권했는데 그는 감자튀김을 고추장에 찍자마자 놀란 표정으로 한참 동안 접시를 바라보더니 이거 케첩이 아닌 것 같다며 이게 뭐냐고 물었어. 난 냉장고에 있던 한국 케첩인데 약간 매운 거라고 말했는데 친구는 이미 고추장을 먹어봤다며 정중히 사양했어. 그리고 아무 말도 하지 않고 담배를 피면서 맛있게 감자튀김을 먹고 있는 내 모습을 신기하게 바라보았어. 감자튀김과 고추장. 뭔가 안 어울릴 것 같지? 그런데 외국에서 만나는 한국의 맛은 맛보다 그리움에 먹는 거야. 그리고 생각보다 잘 어울리던걸?

5일 동안 부다페스트 현지인이 되어 시간을 보내고 오스트리아 빈으로 떠나는 당일 아침. 새벽 일찍 일어나서 나갈 준비를 하는데도 비비안을 만나지 못했어. 아쉬웠지만 어쩔 수 없어서 준비한 선물을 두고 가려고 내려갔는데, 1층 방에서 잠이 덜 깬 부스스한 모습의 남자가 나타났어. 가벼운 메모와 함께 선물을 테이블 위에 올려두고 그 남자 또한 여행자라고 생각해서 가볍게 인사를 하고 위로 올라가려는데 남자가 자신의 이름이 비비안이라고 했어! 놀랍게도 어제 늦저녁에 프랑스 파리에서 여행을 마치고 막 도착했다고 했지.

난 몹시 놀라서 그에게 선물을 직접 전해주고 고맙다는 인사를 하며 물어보았어. 얼굴도 이름도 모르는 나를, 그리고 많은 사람을 네가 집에 없는데도 어떻게 믿고 초대할 수 있는지. 내 질문에 비비안은 오른손을 왼쪽 가슴에 얹고는 딱 한 마디로 답했어.

"My pleasure!"

그 어떤 길고 멋진 설명보다도 훨씬 기억에 남는 답변이었어. 짧

앉지만 그의 답변이 주는 여운은 길게 남았어. 이 친구 덕분에 지금
의 나 또한 카우치서핑으로 게스트를 초대하고 게스트가 이유를
물어보면 딱 한 마디로 대답하곤 해.

"My pleasure!"

100만 원으로 여행할 수 있는 꿀팁 5.

비비안처럼 셀 수 없이 많은 게스트를 초대하는 호스트는 카우치서핑의 캘린더Calender를 사용하는 경우가 많아. 이 캘린더로 게스트 현황을 볼 수 있으니, 호스트의 게스트 현황을 확인하고 게스트가 없는 날 초대 요청을 하면 초대받을 확률이 높아. 그리고 요청을 보낼 때, "네 스케줄을 봤는데, ~일부터 ~일까지는 게스트가 없는데 이때 날 초대해 줄 수 있어?"라고 보낸다면 다른 게스트보다 공지사항을 꼼꼼히 읽은 널 더 초대하고 싶겠지?

에피소드 6.
다섯 번의 히치하이킹 끝에 도착한 오스트리아와 빗속에서 느낀 노숙의 공포

|14개국 30개 도시를 여행하면서 히치하이킹으로 약 4,200킬로미터 정도를 이동했는데, 국경을 열두 번이나 넘었어. 구글맵으로 계산한 거리가 저 정도니까 실제로는 차를 타고 가면서 길을 잃기도 하고, 왔던 길을 되돌아가는 등 거리가 늘어나서 4,500킬로미터 정도 될 거야. 히치하이킹도 운동처럼(공부라고 썼다가 황급히 지웠어) 하면 할수록 느는데, 히치하이킹을 하면서 나만의 법칙(?) 같은 것도 만들었어.

첫 번째는 도시를 떠나는 날은 아침 여섯 시쯤 출발하고, 300~400킬로미터를 차량으로 이동하면 오후 세 시에서 네 시, 600킬로미터 이상을 이동하면 여덟 시나 아홉 시 이후 도착을 목표로 갔어. 이건 실제로 도시를 이동하면서 체득한 데이터야. 그래서 미

리 잘 곳을 구하지 못하면 400킬로미터 이내의 가까운 도시로 이동해서 해가 지기 전에 잘 곳을 구했어.

두 번째는 비 오는 날은 되도록 히치하이킹을 피했어. 비에 젖은 낯선 사람을 차에 태우는 건 운전자의 더 많은 배려가 있어야 하고, 난 다른 사람의 차 시트를 더럽히기 싫거든.

세 번째는 확실한 이유가 없으면 히치하이킹을 하는 자리를 이동하지 않는 거였어. 히치위키^{Hitchwiki}(히치하이킹에 대한 다양한 정보를 얻을 수 있는 인터넷 사이트)에 보면 히치하이킹 하기 좋은 장소에 대한 정보가 있는데, 전 세계 사람들이 공유한 히치하이킹 정보가 있다 보니 가끔 유명한 장소에 가면 다양한 국적의 히치하이커들을 만나기도 해. 이런 곳에서는 같은 자리에서 히치하이킹을 하더라도 자리를 이동하지 않는 편이 좋아. 왜냐고? 이 날, 같은 자리에서 히치하이킹을 하던 세 명 중 자리를 이동하지 않은 내가 제일 빨리 차를 탔거든!

앞에서도 말했듯이, 비비안의 집에서 만난, 터키에서 온 퓨칸과 함께 히치하이킹을 이용해서 오스트리아 빈으로 같은 날 떠나기로 했어. 퓨칸은 오스트리아 국경을 넘어가는 고속도로 초입에 가려면 10킬로미터나 걸어가야 한다며 버스 무임승차를 제안했는데, 준법정신이 투철한 난 당차게 거절했어. 아니, 솔직히 말하면 과태료가 무서웠어……. 15킬로그램의 무거운 배낭을 메고 가는 10킬로미터는 전혀 괜찮지 않지만, 터키와 한국 문화 이야기를 하면서 가니까 나름 갈만 했어. 그렇게 히치하이킹 포인트에 도착했는데 그곳엔 이미 팻말을 들고 있는 다른 히치하이커가 있었어. 이 히치하이커는 폴란드에서 온 '여성' 히치하이커였어. 히치하이킹으로 여행을 하면서 비디오를 찍으며 영상 컨텐츠를 만들고 있다는 그녀는 이미 히치하이킹으로 많은 나라를 여행하고 다시 돌아가는 길이었어. 히치하이킹을 하기에 여성은 위험하지 않냐는 질문에 그녀는 웃으며 대답했어. "하하, 이건 남녀 모두 위험하잖아?"

맞아. 물론 남자보다 여자가 더 위험하지만 히치하이킹은 남녀노소를 불문하고 위험할 수 있어. 그리고 위험하지 않을 수도 있고. 당연한 질문을 하냐는 듯한 그녀의 대답에서 강한 베테랑 여행가의 기운을 느낄 수 있었어. 그녀는 우리가 맥도날드에서 잠시 화장실을 이용하는 동안 빠르게 히치하이킹에 성공해서 떠났어. 그녀는 많은 경험을 하고 자신의 고향으로 잘 돌아갔겠지?

우리는 처음엔 함께 팻말을 만들고 오스트리아 빈으로 함께 가길 바랐어. 하지만 한 시간이 지나도 한 대의 차도 서지 않았지. 게다가 사람이 늘어났어. 열여덟의 어린 나이지만 씩씩한 독일 출신 히치하이커가 합류했거든. 푹푹 찌는 무더운 날씨에 각기 다른 국적을 가진 우리 셋은 함께 30분을 더 히치하이킹을 시도하다가 서로 흩어지기로 했어. 둘은 다른 곳이 더 나을 거라고 했고, 난 이 자리를 지키기를 원했거든. 그렇게 그들이 떠나고 혼자 히치하이킹을 시작했는데, 10분도 안 돼서 어디선가 경적이 울렸어. 날 부르는 소리였지!

빨간 BMW에 주유를 하던 금발의 미녀는 낯선 동양인에게 어디까지 가냐고 물었고, 난 오스트리아 빈Wien이나 그 전 죄르Gyor까지만이라도 가고 싶다고 했어. 빈까지는 가지 않지만 죄르까지는 태워줄 수 있다며 자신의 차에 타라고 한 헝가리 출신의 미녀! 그게 나와 알렉산드라Alexandra와의 만남이었어.

그녀는 동양인에게 이것저것 궁금한 게 많았지만 아쉽게도 영어를 거의 하지 못했어. 물론 나도 영어를 잘하는 편은 아니지만, 부다페스트 출신의 그녀는 영어 대화를 나보다 더 힘들어 했어. 그래서 우리는 100킬로미터 정도를 한 시간 가량 이동하면서 다양한 방법으로 대화를 시도했어. 처음에는 바디랭귀지로 대화를 하다가 깊은 대화가 불가능해서 구글 번역기를 이용해서 대화를 이어나가다가, 말도 안 되는 문장을 해석하기가 불가능해질 때쯤 영어를 할 줄 아는 그녀의 친구에게 전화를 걸어 스피커폰 모드로 3자 통역을 하며 대화하기도 했어.

알렉산드라는 죄르 근처의 도시에서 열리는 뮤직페스티벌에 가는 길이라면서 같이 가자고 제안했는데, 표를 살 여유가 없었기에 아쉽지만 정중히 거절했어. 그녀는 괜찮다며 도착하면 SNS에 자신이 사진을 찍어 올릴 테니 그걸 보며 아쉬움을 달래라고 했어(신나게 노는 사진을 보니 더 아쉽던데……).

영어. 여행하면서 가장 걱정하는 것 중 하나지. 그런데, 영어 잘 못해도 괜찮아. 이 날 대화에서는 내 엉터리 영어가 아니라 소통하길 바라는 내 진심이 대화를 가능하게 한 거였으니까! 아무리 멋진 문장을 사용해서 대화를 시도해도 듣는 사람이 귀 기울이지 않으면 소용없잖아? 오히려 문법에 맞지 않는 문장이라도 듣는 사람이 노력한다면 즐거운 대화가 가능해. 말이 제대로 통하지 않았는데도 알렉산드라는 오늘 하루 종일 아무것도 먹지 않았을 내가 배고플 거라며 죄르로 가는 휴게소에서 샌드위치와 초코바 그리고 형가리 전통주(기념품으로 간직하라며)를 사주고는 다음에 꼭 다시 만나자고 약속하며 떠났어.

휴게소 의자에 앉아 샌드위치로 배를 채운 후 다시 시작한 히치하이킹. 그녀의 아름다운 마음씨 덕분이었는지 어렵지 않게 다음 차를 구했어. 오스트리아 국경까지 간다던 운전자는 동아시아에 대한 좋은 추억이 있는 사람이었어. 동아시아 여행을 많이 했는데 작년에는 부인에게 일본에서 프러포즈를 했다고 했어. 때문에 동양인을 보고 그냥 지나칠 수 없었지. 30분 동안의 짧은 이동이라 아쉬웠지만 그 또한 몹시 친절했어. 인터넷을 쓰라며 핫스팟을 연결해주기까지 했으니!

그가 내려준 곳에서 주변을 둘러보니 맑은 하늘이 보였어. 한시라도 빨리 빈에 도착하는 것도 좋지만 난 이번 여행에서 너무 급하게 목적지만 좇지 않으려고 했어. 그래서 기분 좋은 헝가리 날씨에 히치하이킹을 멈추고 주변을 조금 걷는데 갑자기 차 한 대가 앞에 멈춰 섰어. 그리고 "타세요!"라는 말을 들었어. 내 귀를 의심했어. "Come on!"이 아니라 "타세요!"라니? 차 안에는 수려한 미모를 지닌 세 명의 한국인 간호사 누나들이 타고 있었어(책에 꼭 '미모'를 붙여 달라던 누나들, 나 약속 지켰어!). 같은 병원에서 일하며 친해진 그녀들은 휴가를 맞춰서 유럽여행을 하는 중이라고 했어. 혼자 외롭게 여행하는 길에 마음 맞는 사람과 함께 여행을 하는 누나들을 보니 엄청 부럽더라. 하지만 혼자 하는 여행의 장점을 생각하며 부러움은 부러움으로 흘려보냈어. 계속 남을 부러워하기만 해서는 내 여행이 즐거울 수 없으니까.

외국에서 한국인 차를 히치하이킹한 상황을 신기해했더니, 누나들은 외국에서 히치하이킹을 하고 있는 나를 더 신기해했어. 다시 한 번 강조하는 '미모'의 누나들 덕분에 드디어 오스트리아 국경까지는 넘어왔는데, 아쉽게도 누나들은 근처 아울렛으로 쇼핑하러 길이어서 헤어졌어.

네 번째 차는 택시였어. 헝가리에 이어서 또 택시! 공항으로 가는 중이라던 택시 기사 아저씨는 공항까지 태워주었어. 자기는 공항까지 간다며 거기서 버스나 전철로 갈아타라고 했는데, 히치하이킹으로만 가려 한다고 했더니 친절하게 차가 나가는 장소까지 안내해주었어. 그리고 그가 말해준 곳에서 얼마 지나지 않아 빈의 중심부까지 데려다 준 마지막 운전자를 만났어. 마지막 운전자는 굉장히 유쾌한 사람이었는데 음악가인 그는 자신의 공연에 놀러 오라며 명함까지 주고, 빈의 중심부까지 데려다 주었어. 운이 좋게도 빈에 도착하니 비가 내리기 시작했어. 왜 이게 운이 좋은 거냐고? 만약 도착하기 전부터 비가 내렸다면 히치하이킹이 더 힘들었겠지? 비가 오더라도 늦게 온 게 다행이지, 안 그래?

도착한 오스트리아에서는 잘 곳에 대한 걱정이 없었어. 음……,

정확히는 오후 다섯 시 전까지만 없었지. 오스트리아로 떠나기 전날 이미 한 호스트에게 초대를 받았거든. 그런데 오후 다섯 시에 호스트에게 갑자기 일이 생겨서 오늘 오스트리아를 떠나게 되었다며 다음에 보자는 연락이 왔어. 여섯 시에 만나기로 했는데, 다섯 시가 되니까 갑자기 오스트리아를 떠나다니! 황당했지만 어쩔 수 없잖아? 여섯 시에 만날 그를 기다리며 공원에서 비도 피할 겸 쉬다 급하게 맥도날드를 찾아가서 와이파이를 연결하고 호스트를 찾기 시작했어. 여섯 시, 일곱 시, 여덟 시…… 아홉 시! 시간이 지나면서 비가 멈추기는커녕 아홉 시가 넘으며 비가 세차게 오기 시작했고, 날이 어두워지면서 점점 무서웠어. 여행을 떠나기 전부터 노숙은 어느 정도 예상해서 걱정하지 않았는데, 빗속에서 하는 노숙은 생각하지도 못했거든. 게다가 비가 오니까 노숙하기 적당한 장소를 찾아볼 수도 없고, 공원이나 놀이터에서 노숙을 할 수도 없었지. 그리고 당시 내 기분에 빗속의 오스트리아는 음침하면서도 뭔가 범죄가 잔뜩 일어날 것 같았어(순전히 당시 내 기분이야. 실제 빈은 몹시 아름다운 도시야).

맥도날드도 24시간이 아니라는 사실을 안 후로는 마음이 더 급했어. 마음씨 좋은 호스트를 찾으려고 100개도 넘게 메시지를 보냈어. 다행히 두드리면 열린다더니, 밤 열한 시가 다 되어 두 명의 천사에게 연락이 왔어. 한 명은 열두 시까지 호스트를 찾지 못하면 자신의 집으로 오라고 했고, 한 명은 맥도날드에서 기다린다면 열한 시 반에 데리러 오겠다고 했어.

다행히 열한 시 반에 맞춰 오스트리아의 구세주 호스트 콘스탄틴Konstantin이 날 데리러 왔어. 그는 러시아인인데 빈에서 공부를 하고 있었어. 콘스탄틴 덕분에 극적으로 빗속에서의 노숙을 피할 수 있었어. 노숙을 막상 눈앞에서 마주하니 내 상상보다 훨씬 무서웠어. 여행 중에 노숙을 피할 수는 없었지만(결국 나중에는 노숙을 하는 날이 있었어) 여행 초반에, 그것도 비 내리는 빈에서의 노숙은 마음의 준비가 되지 않았던 것 같아. 집에 도착하자마자 콘스탄틴은 배가 고프냐고 묻더니 바나나를 주고 토스트와 차를 만들어 주었어. 긴장이 풀리고 피곤함이 밀려온 탓에 고맙다는 인사와 함께 자리

에 주저앉았는데 움직이질 못하겠더라. 두려움이 커서 몸이 경직될 정도였던 것 같아. 늦게까지 공부하다가 온 그 또한 피곤했는지 내일을 기약하고 우리는 바로 잠이 들었어. 그리고 다음 날 눈을 떴는데 처음 보는 세 여성에게 둘러싸여 자고 있는 내 모습에 소스라치게 놀라 상황파악을 해야 했어!

알고 보니 세 명의 룸메이트가 있었던 거야. 그것도 세 명 모두 러시아인! 춤과 음악을 좋아하는 이 친구들 덕분에(게다가 다음 날 이 룸메이트 중 한 명인 아야^{Aya}의 생일이었어) 혼자라면 위험해서 절대 생각도 못했을 특별한 경험을 할 수 있었어. 새벽에 오스트리아 클럽에 가서 밤새도록 춤을 추기도 하고, 으슥한 공원에서 스피커로 음

악을 틀고 술 마시고 춤추며 즐겁게 보내는 경험을!

여행이 삶과 비슷하다고 하는 건 아마 마음대로 안 되기 때문이지 않을까? 오스트리아에 도착한 첫날, 나는 여행이 내 마음대로 안 풀리는 것 같았어. 생각보다 먼 거리가 아닌 두 도시를 이동함에도 많은 차를 타야 했을 때나 100개가 넘는 초대요청을 보냈는데도 몇 시간 동안이나 초대가 오지 않았을 때는 더더욱 말이야. 하지만 앞을 예상할 수 없는 모든 것이 여행과 삶의 재미가 아닐까? 게다가 위기가 크면 클수록 결과가 흥미롭고 재밌는 것 같아. 물론, 아무리 걱정해도 결과는 항상 좋아! 삶도 여행처럼 항상 좋은 결과가 있으리라고 믿어.

100만 원으로 여행할 수 있는 꿀팁 6.

위에도 적었지만 다시 간단하게 요약하면 히치하이킹을 할 때 이 세 가지를 참고하면 좋아!

1. 하루 400킬로미터 정도의 이동이 적당해. 600킬로미터 이상을 히치하이킹으로 이동하면 보통 늦은 저녁이어서 도착하고 나서 잘 곳을 구하기도 음식을 먹기도 힘들어.

2. 날씨 좋은 날 떠나기. 물론 날씨가 내 의지로 조절할 수 있는 건 아니지만 비와 눈은 특히 피하길 바라. 날씨 때문에 네가 잘 보이지도 않고, 비에 젖은 널 태우기도 어려우니까!

3. 히치하이킹 입문자라면 히치위키에서 히치하이킹 선배들이 추천하는 곳(스팟)을 알아보는 걸 추천해. 히치위키에는 세계 곳곳의 히치하이킹 데이터가 모여 있어. 확실히 여행선배들이 축적해 온 데이터는 유용해!

에피소드 7.
히치하이킹은 실패했지만
오스트리아 고성에 초대받다

| 하루 종일 조급해져서 일이 뭔가 꼬이는 날이 있지? 이 날 아침이 딱 그런 날이었어. 오스트리아 빈에서 체코 프라하로 떠나려고 아침 일찍 준비를 하고 조용히 콘스탄틴의 집을 나와 히치하이킹 장소로 향했어. 새벽까지 음악과 재밌는 이야기로 밤을 새서, 다들 곤히 자고 있어 깨울 수 없었거든. 이미 전날 아침 일찍 떠날 거라고 이야기했기 때문에 점심이 한참 지나 콘스탄틴에게 좋은 여행하라는 연락이 왔어.

콘스탄틴의 집에서부터 한 시간을 걸어서 도착한 히치하이킹 포인트는 차가 전혀 서지 않는 장소였어. 그래서 자리를 이동해 이곳저곳을 헤매며 프라하로 가는 차를 찾아다니다보니 어느새 고속도로 위에 서 있는 내 모습을 발견했어. 여기까지 대체 어떻게 온

걸까 싶을 정도로 꽤 멀리 왔는데, 덕분에 오도가도 못 하는 상황이었어. '어떻게든 여길 빠져나가야겠다'라는 생각에 갓길에서 히치하이킹을 시도했지만 그마저도 실패해서 온 길을 조금씩 뒤 돌아 고속도로를 빠져나가고 있던 중, 뒤에서 경적소리가 났어! 98년도부터 오스트리아에서 지내고 있다고 말한 세르비아 출신의 착한 운전자는 위험한 고속도로 위에 있는 날 보고 놀라 걱정이 되어 불렀어. 그는 날 근처 주유소까지 데려다 준 후 20유로를 손에 쥐어주며 말했어. "Sun, 마치 내 동생을 보는 것 같아서 주는 거니까 꼭 필요할 때 썼으면 좋겠어. 여행 잘 마치길 바라!" 그의 따뜻한 마음씨에 감동받아 다시 한 번 힘내서 히치하이킹을 시작했어.

하지만 힘차게 시작한 히치하이킹은 오후가 늦도록 큰 소득이 없었어. 도로에서 프라하Praha 혹은 브르노Brno가 적혀 있는 표지판을 따라가다 보니 프라터공원을 지나서 도나우 강까지 건넜지 뭐야. 어느 정도의 거리냐고? 대략 20킬로미터 정도! 15킬로그램짜리 배낭을 메고 걸으니 어깨는 터질 것 같았고, 프라하의 따뜻한 날씨 때문에 온몸이 땀에 흠뻑 젖었고, 허리도 발도 너무 아파서 어디서 낙타라도 한 마리 얻어 타고 가고 싶었어. 더 큰 문제는 A22번 도로(프라하로 가는 방향)를 찾아가겠다고 덜컥 내려간 곳이 지하터널이었어. 아까는 고속도로, 이번엔 지하터널……. 정말 다이나믹하더라. 근데 지하터널이 짧은 그런 터널이 아니라 대략 1킬로미터 정도의 길고 긴 지하터널이어서 끝이 보이지 않았어. 게다가 무슨 터널에서 그리들 급하게 가는지 로드킬 당하지 않으려고 뒤를 돌아보며 질주했는데 이때 살면서 처음으로 생명의 위협을 느꼈어. 짧을 줄 알고 무작정 들어간 게 화근이었지. 왜 돌아 나오지 않았냐고? 이 도로가 프라하로 가는 도로라고 하는데 여기서 돌아 나가면 프라하로 갈 수 없을 것만 같았거든.

지친 몸과 상관없이 생명의 위협 때문에 거의 날아서 지하터널을 통과했어. 더 이상 자리를 움직여서는 안되겠다는 생각에 터널을 나와 고속도로로 향하는 길에서 피켓을 들고 히치하이킹을 다시 시작했어. 출발한 지 열 시간이 지나서 다시 시작한 히치하이킹이었어. 다시 몇 시간이 지나도 별 수확이 없었는데, 차 한 대가 내 앞에 섰어. 근데 좀 특별한 차였지.

얼마나 특별한 차였냐고? 음……, 위에 빨간색과 파란색 등을 달고 다니는 차니까 꽤 특별하지? 그래, 맞아. 경찰차야. 사이렌을 울리면서 내 앞에서 서는 차를 보니 눈앞이 깜깜하더라. 경찰관이 다가오길래 왜 고속도로에서 히치하이킹을 하는지 자초지종을 설명하려는데 유명한 히치하이커들을 배출한 나라답게 피켓을 들고 있는 내 모습을 보고 이미 알고 오는 거였어. 이해한다며 여기는 좋은 장소가 아니라며 고속도로 주유소에 내려다 주었어. 주유소에 도착하니까 히치하이킹한 지 열두 시간이나 지나 있었어.

프라하로 가기 위해 하루의 반을 아무것도 못 먹고, 못 마시고 한 히치하이킹이 결국 실패했어. 저녁 해가 질 때는 히치하이킹을 포기하고 노숙을 하기로 했거든. 어두운 밤에는 누군가가 낯선 자를 태우기도 어려워할 것 같았고, 나 또한 위험하다고 느꼈고 도착지에서 잘 곳을 구하는 일도 힘들 것 같았어. 그래서 주변에서 노숙할 곳을 찾으려 하는데 범상치 않은 외모의 운전자가 볼보^{Volvo}를 타고 들어왔어. 볼보의 창문을 살짝 열고 내게 말을 거는 마이클^{Micheal}의 모습은 인상적이었어. 나이는 50대쯤 되어 보였는데, 어깨까지 오는 긴 머리에 선글라스를 끼고 있었거든. 평범한 회사원으로는 보이지 않았지. 외모부터 범상치 않던 그는 해가 질 무렵의 어둑한 밤에 낯선 동양인에게 관심을 보이며 이렇게 말했어.

"여긴 프라하로 가기 좋은 위치가 아니야. 게다가 지금은 너무 늦었어. 어서 잘 곳을 찾는 게 좋을 것 같은데?"

"나도 알아. 하지만, 여긴 고속도로 한복판이고, 난 무전여행을 하는 중인걸."

내 대답을 듣고 그는 조금 고민하더니 이렇게 제안했어.

"내가 조금 더 괜찮은 국경 근처로 데려다 줄 수는 있는데. 벌써 해가 지고 시간이 늦어서 히치하이킹은 어려울 거야."

"그래. 그럼 거기까지라도 태워줄래? 안 되면 길에서 잘 곳을 찾으면 돼."

주변에 노숙하기 괜찮은 장소를 찾지 못해서 별다른 방법이 없었기에 좋다고 말했어. 그렇게 그의 차를 타고 가는 중에 대화를 하다가 그가 날 태워준 곳에서 얼마 멀지 않은 오스트리아 국경의 작은 마을에서 살고 있다는 사실을 알았어. 그리고 계속해서 길에서 자게 될 내 처지를 몹시 걱정하는 것 같았어. 그때 머릿속을 스치는 한 마디.

'이건 기회다!'

그래서 그에게 물어보았어.

"많이 걱정되면 오늘 밤 너희 집에 날 초대해주면 어때?"

"그래! 그게 좋겠다. 너 오늘 식사도 안 했다며? 집에 가서 먹을 것도 좀 먹고, 내일 아침에 네가 다시 히치하이킹을 할 수 있도록 국경까지 태워줄게."

아니, 집에 초대받는 게 이렇게 쉬울 줄 알았으면 처음부터 물어볼 걸 그랬어. 가는 내내 노숙할 걱정에 괜히 엄청 초조해했네.

첫 인상부터 그가 평범하지 않다고 느꼈는데 역시나 마이클은 오스트리아 출신의 음악가였어. 바이올린을 켜고 작곡도 하는데, 이야기를 들어보니 오스트리아에서 꽤 유명한 음악가인 것 같았어. 그는 이 날도 공연을 마치고 집으로 돌아가는 길이라고 했어. 오스트리아는 클래식의 나라로 유명해서 좋은 공연이 있다고 들었는데, 비싼 티켓가격 때문에 들어볼 수 없었지만 유명 음악가를 이렇게 만나니 신기하면서도 반가웠어. 그는 자신의 동네에는 오래된 고성이 있다며 집에 가기 전에 가보자고 했어. 이미 집 초대를 받았는데 볼거리까지 보고 가자니 당연히 좋았지.

넓은 들판에 있는 곡식이 빛을 받아 고성으로 가는 길이 황금빛으로 쭉 펼쳐졌어. 조용한 시골의 고즈넉한 분위기가 수도인 비엔나와는 전혀 다른 느낌이었지. 그렇게 한참을 달리니 큰 고성에 도착했어. 주변을 둘러보며 감탄하고 있는데 마이클이 그 성을 자연스럽게 올라가기 시작했어. 그러곤 열쇠를 이용해서 문을 열었어.

　차 안에서 자신이 성에서 산다고 장난스럽게 말을 해서 웃으면서 장난인가보다 하고 넘겼는데, 장난이 아니라 진짜였어! 그의 발걸음을 따라 들어간 그의 집(성)은 외관보다 내관이 더 멋졌어. 대략 5미터쯤 되어 보이는 천장은 뾰족하고 정말 높았어. 그리고 그가 자연스럽게 촛불을 이용해 주방을 밝히니 마치 80년대의 귀족이 된 기분이었어.

　게다가 그는 배고픈 날 위해 스테이크를 굽고 와인을 준비했어. 우리는 식사를 함께 하고, 프랑스와 아이슬란드 축구 경기를 함께 보고 잠이 들었어. 믿겨지지 않는 밤이었어. 고성에 초대 받아 잠을 자다니!

　새벽에 마이클의 바이올린 소리에 잠에서 깼어. 그는 내게 줄 아침식사 준비를 마치고 바이올린을 켜며 작곡을 하고 있었어. 눈을 뜨며 맞는 아침이 이토록 특별할 수 있을까? 눈으로는 아침 해가 뜨는 모습을 주변에 건물 하나 없는 조용한 고성의 창문으로 바라보고, 귀로는 클래식의 나라 오스트리아에서 아름다운 선율의 바이올린 소리를 듣고, 입으로는 그가 해 준 오스트리아 가정식을 먹으며 정말 오감으로 오스트리아를 느낄 수 있었어. 그리고 이건 그 누구도 흉내낼 수 없는 나만을 위한 오스트리아라는 생각이 들어서 이 여행을 잘했다 싶었어. 열두 시간 동안 굶고 갈증을 느끼며 히치하이킹을 실패한 것까지도 모두 이 순간을 위해 마련된 하나의

깜짝 이벤트라는 생각이 들 정도였어. 아침을 먹고 그는 날 전날 말했듯이 오스트리아의 국경까지 데려다주고 마지막 인사를 하고 돌아갔어. 그날 이후로도 우리는 서로가 여행하며 다녀온 곳을 사진으로 보내고 서로의 안부를 묻는 좋은 친구로 지내고 있어!

내 여행의 매력은 다가올 여행의 모습이 전혀 예상되지 않는다는 거야. 정해진 길이 없고, 확실히 예상되는 상황이 없다보니 여행이 길어져도 어떤 일이 일어날지 전혀 감이 잡히질 않아. 하지만 이런 불확실한 미래 속에서도 상황을 즐길 수 있었던 건 긍정적인 마인드 때문이었어. '좋은 일이 생기겠지'라는 생각이 날 자꾸 좋은 사람들과 연결시켜준 것 같아. 덕분에 돈 주고도 가기 힘든 오스트리아의 고성에 초대받아 잘 수 있었잖아!

100만 원으로 여행할 수 있는 꿀팁 7.

가장 좋은 히치하이킹 장소는 고속도로 휴게소나 주유소야. 고속도로 초입의 패스트푸드점이나 카페도 좋아! 운전자에게 말을 걸거나 운전자 입장에서 차를 세우고 날 태워주기에 더 좋은 곳은 없거든. 히치위키에서는 좋은 히치하이킹 포인트를 알려주지만 그곳이 꼭 최고의 장소는 아니야. 하지만 가장 중요한 점은 괜찮은 자리라고 확신이 들면 쉽게 자리를 이동하지 않는 거야. 나처럼 괜히 더 좋은 장소를 찾겠다고 여기저기 돌아다니면서 힘만 빼고 히치하이킹을 실패하는 일이 생기지 않길!

내가 같은 테이블에 앉으니 몹시 놀랐어. 알고 보니 다니엘이 친구들에게 내가 온다고 말을 안 했다고 하더라.

단순히 동양인이라서 놀랐냐고? 아니야. 프라하에 동양인이, 특히 한국인이 얼마나 많은데! 물론 프라터 공원에는 동양인이 손에 꼽힐 정도였지만. 그것보다도 40도 가까이 되는 그 더운 프라하의 여름에 난초가 그려진 하얀 부채를 들고 한복을 입고 나타났으니 놀랄 만도 했을 거야. 어쨌든 튀는 한복 덕분에 난 단숨에 모임의 주인공이 되었어. 게다가 여행을 하면서 겪은 재미있는 에피소드들을 이야기하다 보니 친구들과 금방 친해졌어. 이런저런 질문도 하고 맥주를 마시며 서로 이야기를 하는데, 알고 보니 모여있는 열 명이 넘는 친구가 모두 하얏트와 힐튼 호텔에서 일하는 현직 호텔리어였어!

어릴 적 내 꿈은 호텔에서 일하는 거였어. 멋진 건물과 깔끔한 복장, 그리고 멋진 사람들이 오가는 호텔에서 근무하는 모습을 상상하면서 꿈을 키웠었어. 아, 물론 상상과 현실은 다른 거 알지? 지금은 호텔에서 일하려는 마음은 없었지만 나름 한 때는 유망한 호텔리어를 꿈꿨어! 그래서 대학도 수원대학교 호텔관광학부에서 호텔경영을 전공했지.

직장을 고를 때 대부분 대기업을 선호하는 것처럼 호텔에서 일하길 바라는 사람에게 '힐튼 호텔'과 '하얏트 호텔' 같은 세계적인 브랜드 호텔은 취업하길 바라는 선망의 대상이야. 그런데, 최소 5년에서 10년 넘게 일한 현직자들과 어디서도 쉽게 들을 수 없는 '진

힐튼과 하얏트와 함께 홈 파티를

너 안 바쁘면 놀러올래? 여긴 하늘에 맞닿은 공원이야.

저녁 해가 질 때쯤 다니엘Daniel의 연락을 받았어. 프라하에 도착해서 카우치서핑 호스트로 만난 페루 출신의 다니엘은 멋진 여행을 마치고 프라하에서 일하며 지내고 있었어. 그는 내 메시지에서 여행 이야기를 보고 흥미를 느껴서 자신의 집으로 날 초대했어. 다니엘도 지난 해 여자친구와 루나Luna(그가 키우는 힘이 센 육식동물. 아니, 강아지)를 데리고 오스트리아-에스토니아-스페인을 히치하이킹과 카우치서핑 그리고 캠핑으로 이색여행을 했대. 다니엘은 날 초대하면서 자신의 여행이 생각난다며 자신이 내 여행에 도움이 되었으면 좋겠다고 했어. 이 친구도 정말 멋진 여행가지? 혼자도

힘든데, 여자 친구 그리고 꽤 큰 강아지와 함께 유럽을 여행하다니 말이야!

다니엘이 일 때문에 바쁠 때여서 프라하를 돌아다니며 구경은 혼자 해야 했어. 그렇게 이틀이 지나고 마침 프라하의 고즈넉함에 슬슬 지루함을 느낄 때쯤 다니엘에게 메시지를 받은 거야. 하늘에 맞닿은 공원이 뭔가 싶어서 다니엘이 구글맵 좌표를 찍어준 곳으로 한 걸음에 달려갔어(이때는 좌표만 보고 따라가서 몰랐는데 나중에 찾아보니 이 공원의 이름은 레트나 비어 파크^{Letna Beer Park}였어). 공원에 도착하고 나니 왜 하늘 공원인지 알 것 같더라. 하늘만 바라보고 온 힘

을 다해 이백 개쯤 되는 계단을 한참 올라가서야 넓은 공원이 났거든. 도착하고 나니 현기증 때문에 하늘나라로 갈 것 같아 늘공원인가 싶더라. 도착한 공원에는 이미 다니엘의 친구들 주를 마시며 대화의 꽃을 피우고 있었어.

하늘공원에 도착한 내 모습이 그들에게 좀 충격적이었던 아. 아니, 정확히는 공원에서 있던 많은 사람들에게 충격적인 았어. 친구들이 앉아 있는 자리를 찾으려고 두리번거릴 때미 이컨택을 끊임없이 하다보니 모든 시선이 집중된 걸 확실히 있었어. 다니엘의 친구 또한 비슷한 시선으로 날 바라보고 있

짜' 호텔 이야기를 나눌 수 있었어.

에어비앤비가 생겨났을 때 '저게 잘 되겠어 설마?'라고 생각했는데 지금은 호텔업계 전체를 위협하는 큰 존재가 돼 매출에 큰 영향을 미친다는 이야기부터 힐튼과 하얏트의 연봉을 서로 비교하면서 배신감을 느끼고 이직을 해야겠다 다짐하는 친구 때문에 웃

음바다가 되기도 하고, 유명 여자 연예인(문제는 내가 잘 알지 못하는)
이 어떤 남자와 함께 묵었는지, 진상 of 진상 손님 배틀을 하면서 격
한 욕을 섞어서 설명하기도 하는 등 거침없이 자신이 생각하는 자
기 호텔의 나쁜 점과 좋은 점을 이야기하는데, 어디서도 들을 수 없
던 호텔의 속사정을 듣다 보니 시간 가는 줄 몰랐어.

분명히 해가 중천에 떠 있는 낮에 만났는데 어느새 프라터 공원
에는 노을이 지는 프라하의 야경이 펼쳐지고 있었어. 한두 잔일 줄
알았던 맥주는 이미 몇 잔이나 마셨는지 기억도 못 할 정도여서 우
리는 잔뜩 취하고 흥이 잔뜩 올랐어. 그래서 우리는 2차를 어디로
가야 할지 이야기하다가 힐튼에서 일하는 프랑스 친구가 자신의
집에서 2차를 하자며 집으로 우리 모두를 이끌었어.

다니엘은 프라하를 프라그다이스^{Prague+Paradise}라고 표현했어.
다른 유럽에 비해 물가가 워낙 저렴해 프라하에 왔을 때 여기가 파
라다이스라고 생각해서 붙인 이름이라고 했는데, 다니엘의 말처럼
프라하는 여행자 혹은 현지인에게 파라다이스로 불려도 손색없을
만큼 매력적인 도시야. 물값도, 술값도, 심지어 음식값도 다른 유럽
도시에 비해 저렴해. 그래서 술고래 열 명이 넘게 모인 우리는 적은
돈으로 인원수보다 많은 술을 살 수 있었거든!

이 친구들…… 마치 오늘만 사는 하루살이 같았어. 알콜과 산소
의 양을 5대 5로 맞추지 않으면 숨을 쉬지 못하는 친구들인가 싶을
정도로 술을 산소처럼 마셨어. 호텔에서는 젠틀하고 프로페셔널
한 모습만을 보여준다더니 놀 때는 거의 망나니던데? 우리 중에서

직립보행을 배운 사람은 아무도 없는 것 같았어. 데킬라와 보드카 그리고 와인을 물 마시듯 마시다 보니 전부 고주망태가 됐는데, 그러고 나니 프라하에서 한국 감성까지 찾을 수 있었어.

어떤 한국 감성이냐고? 세 사람 이상이 술을 마시면 우리는 노래방을 빼놓을 수 없잖아! 여기서도 다들 취하니까 노래를 흥얼거리더니 가라오케(노래방)에 가자고 노래인지 악쓰는 건지 모를 굉음을 내뿜다 근처에 가라오케가 없다는 프랑스 친구(집 주인)의 말에 꿩 대신 닭으로 유튜브로 MR을 틀고 노래를 부르기 시작했어.

그런데 한 시간도 채 안 돼서 상황은 종료됐어. 우리가 너무 시끄러웠나봐. 경찰이 출동했지 뭐야. 경찰 말로는 우리가 너무 시끄러워서 마약을 했거나 뭔가 범법 행위를 하고 있다고 생각한 주민이 신고를 했다고 했어. 우리는 마약을 하지 않으면 재밌게 못 노는 약해 빠진⋯⋯그런 정도는 아니었고, 경찰도 집에서 아무런 냄새도 나지 않으니 가볍게 확인만 하고 돌아가서 잘 마무리되긴 했는데, 경찰서에서 3차 홈 파티를 할 뻔한 아찔한 경험이었어.

미국 드라마나 영화에서 친구들이 집에 놀러 와서 술을 마시고 삼삼오오 모여서 이야기하는 홈 파티를 보고 그에 대한 로망이 있었는데, 프라하에서 아주 진하게 경험해서(숙취로) 난 더 이상 홈 파티에 대한 미련이 없어⋯⋯.

'아, 대학생 때 자취방에서 친구들과 과자와 소주를 먹고 마시며 밤새 노래 부르며 노는 그런 거구나' 싶었거든. 한국에서 친구들과 함께 소주로 하는 홈 파티도 좋지만, 프라하에서 힐튼과 하얏트와 함께하는 홈 파티도 궁금하지 않아? 뭐하고 있어? 궁금하면 지금 바로 짐을 싸야지!

100만 원으로 여행할 수 있는 꿀팁 8.

프라하는 여행자에게 몹시 매력적인 도시야. 작은 도시라 버스나 지하철을 탈 필요도 거의 없고 식비도 저렴해서 다른 유럽 도시보다 여행 경비를 아끼기 좋아. 게다가 도시 전체가 오래된 역사와 전통을 자랑하는 건축물로 가득한데, 대부분 입장료를 받지 않아. 하지만 프라하의 중심부는 관광지라 식당 물가가 비교적 비싼 편이야. 그래서 도심에서 도보 20분정도 떨어진 공원이나 주택가로 간다면 저렴한 식당을 찾을 수 있어. 펍(Pub)에서 맥주 한 잔에 1유로, 배부르게 먹을 수 있는 중국식 볶음밥이 3유로밖에 안 해. 그러니 조금이라도 아끼려면 조금 더 외곽으로 걸어봐!

에피소드 9.
새 차를 타고 아우토반을 달릴 거야

| 아우토반^{Autobahn}. 자동차에 열광하는 사람이 아니더라도 한 번쯤 들어 봤을 거야. 제한속도가 없는 자유와 속도감을 즐기기에 최고의 고속도로! 이 아우토반을 새 차를 타고 달리면 어떤 기분일 것 같아? 게다가 아우토반의 나라. 독일에서 말이야(아우토반이라는 단어도 독일어야)!

어느덧 여행 20일째. 프라하를 떠나 독일로 이동하는 날이었어. 다음 나라는 무작정 독일이라고 정하긴 했는데, 독일의 어느 도시에 갈지 정하진 않았어. 축구로 유명한 도시인 뮌헨을 갈지 수도인 베를린을 갈지 고민하긴 했는데, 둘 다 프라하에서는 꽤 멀어. 그래서 조금이나마 가까운 도시로 이동하기로 했어(내 여행의 단점 중 하나는 이런 거야. 가고 싶어도 마음대로 갈 수 없을 때도 있어). 그런데 마침 페

이스북에서 내 여행 이야기를 본 오래된 대학 친구에게서 메시지가 왔어. 프랑크푸르트에 온다면 도움을 조금 줄 수 있을 것 같다는 내용이었어! 그런데 프랑크푸르트도 꽤 멀어서(프라하에서 600킬로미터 정도 떨어져 있어) 일단은 비교적 가까운 베를린으로 향하기로 했어. 그리고 베를린에서 3일 정도 머무른 후에 프랑크푸르트로 이동하기로 마음 먹었어.

베를린을 목적지로 정하고 프라하를 떠났지만 두 시간을 넘게 걸어서 독일로 가는 길목의 주유소에 도착한 후에 두 시간을 넘게 히치하이킹을 시도해도 한 대의 차도 서지 않았어. 자리를 이동해서 더 기다려도 마찬가지. 그래서 주차장에 차를 세워둔 차주에게 가는 방향이 비슷하면 태워줄 수 있는지 물어보았는데 친절한 한 체코인이 태워주겠다고 했어. 한 시간쯤 가다 방향이 달라서 내린 곳은 작은 마을이었어. 고속도로에서 마을로 이동하니까 의아하긴 했지만 간판도, 지도도, 날 태워준 운전자도 모두 이 길이 드레스덴(독일의 한 도시인데, 프라하에서 베를린으로 가려면 드레스덴을 거쳐야 해)으로 가는 유일한 길이라고 했어. 히치하이킹하기에 좋은 장소는 아니었지만 길이 하나밖에 없으니 일단 믿고 히치하이킹을 시작했어.

문제는 여기서도 두 시간이 지나도록 아무런 차도 세워주지 않는다는 거였어. 동네는 한적하고 몸이 워낙 지치고 피곤해서 근처 잔디에서 한숨 자고 가야 할지 정말 고민이 많이 됐어. 목도 마르고, 시간이 꽤 지났는데 아무도 서지 않아서 힘이 쭉 빠지니까 그냥 편

하게 누워서 쉬고 싶더라. 게다가 여긴 고속도로도 아니고 그냥 동
네라서 이런 생각이 들었거든.

'이 정도면 동네에서 노숙해도 괜찮겠는데?

그만큼 한적하고 조용한 동네였지. 그리고 차도 많이 지나다니
지 않았고.

'한 대만 더 보고 진짜 쉬자. 딱 다섯 대 지나가도 안 서면 그냥 한
시간만 자고 가자.' 이렇게 생각하면서도 쉬지 못하고 히치하이킹
을 하는데, 혹시나 지금 보내는 저 차가 날 태워줄 마음이 있었는데
내가 자느라 지나칠지도 모른다는 생각이 드니까 피곤한데도 다
섯 대가 아니라 50대가 넘는 차가 지나갈 때까지 끊임없이 히치하
이킹을 하게 됐어. 이런 노력 탓에 파란 도요타^{Toyota}가 내 앞에 설 때
까지 난 전혀 쉬지 못했어.

도요타 운전자는 독일 북부 지방에 사는 사람이었는데 체코가
차값이 저렴해서 체코에서 방금 차를 사서 돌아가는 길이래. 얼마
차이가 난다고 독일에서 그 먼 체코까지 오냐고? 무려 900유로!
한화로는 거의 100만 원 차이야. 이 정도면 기름 값이 들더라도 충
분히 올 만하지? 게다가 담배도 반값이라서 담배까지 사오면 꽤
많은 돈을 절약할 수 있다고 했어(실제로 그는 체코 국경을 넘기 전에 편
의점에서 담배를 샀어). 그는 드레스덴이나 베를린까지 태워줄 테니
어디든 말하라고 했는데 이미 너무 지쳐 있던 난 베를린보다는 더
가까운 드레스덴으로 가서 조금이라도 일찍 쉬고 싶었어. 특히 이
날은 유로 2106(독일 대 프랑스)가 있는 날이어서 조금이라도 빨리

독일에서 축구를 보고 싶기도 했고.

　독일 북부 지역에 사는 그는 회사생활을 오래한 샐러리맨으로 별 탈없이 가족들과 행복한 시간을 보내는 평범한 남자였어. 평범한 그와 가벼운 대화를 하면서 가는데, 갑자기 속도를 엄청 올리는 거야. 평범해 보이는 이런 사람이 원래 더 무서운 법이잖아? 전혀 스피드레이서 주인공 같이 생기진 않았지만, 속도가 올라가면서 달라지는 눈빛을 보고 뭔가 스피드 '덕후'일지도 모른다는 생각을 했어.

　120, 150, 180······ 200! 210! 220! 점점 올라가는 속도에 정말 놀라서 토끼 눈으로 그를 바라보았어. 이런 날 의식했는지 그가 웃으며 이렇게 말했어.

　"Welcome to Germany. We are on an Autobahn."

　평소 자동차나 F1에 관심이 없던 나지만 이 짜릿함은 아직도 잊혀지지 않아. 왜 그렇게 많은 사람들이 스피드에 열광하는지 알겠더라. 창밖으로 보이는 모든 것이 정말 빠르게 지나가 보이지 않을 정도여서 미래로 가는 타임머신을 탄 기분이 들었어. 방금 뽑은 새 차를 타고 아우토반을 달리는 이 기분은 놀이동산의 그 어떤 놀이기구와도 비교되지 않을 만큼 짜릿했어. 속도를 내는 그의 모습도 멋졌지만 정말 멋있는 건 창문 밖의 다른 차들이었어. 추월 차선에서 미친 듯이 속도를 올리는 우리 차를 인지하더니 마치 약속이나 한 듯 자연스럽게 2차선으로 비켜주는 그들의 매너가 인상적이었거든.

분노의 질주를 연상케하는 질주 덕분에 점심 시간도 안돼서 드레스덴에 도착할 수 있었어. 그는 드레스덴의 중심부까지 데려다주고 여기저기 관광지 설명을 알려주고 처음 만났을 때와 같은 해맑은 웃음을 지으며 짧은 포옹으로 마지막 인사를 하고 떠났어. 새 차와 아우토반의 컬래버레이션 덕분에 낮 동안 드레스덴 구경도 하고, 스타벅스에서 오늘 집으로 초대해 줄 호스트도 구할 수 있었어. 계획대로 호스트의 집에 잘 도착해서 축구경기를 늦지 않고 볼 수 있었지.

국제면허는 물론 한국 면허도 없는 내가 아우토반을 달리는 건 상상도 해본 적 없던 일이었어. 심지어 갓 뽑은 외제차를 타고 말이야. 시속 200킬로미터가 넘는 속도로 아우토반을 달리는 일! 스피드에 열광하지 않는 나에게도 정말 신나고 흥분되는 일이었어.

한국에서는 불법인 거 알지? 속도를 즐기고 싶으면 국제면허증을 챙겨서 독일로 와! 아니면 나처럼 히치하이킹으로?

100만 원으로 여행할 수 있는 꿀팁 9.

독일이나 프랑스, 이탈리아를 여행지로 정했다면 최소 일주일 정도는 머물기를 추천해. 우리나라 면적보다 여섯 배나 큰 곳이기 때문에 체코나 오스트리아와 비슷한 일정으로 다니면 몹시 고되거나 여행에 차질이 생길 수 있어. 난 작은 나라의 경우(체코, 헝가리) 3~4일을 한 도시에서 체류하고 이동했고, 큰 나라의 경우(독일, 프랑스) 7일을 두 도시에서 나누어서 체류하고 이동했어.

에피소드 10.
독일에서 맛본 광란의 축구 준결승전과
화장실에서 보낸 하룻밤

| 축구하면 어떤 나라가 떠올라? 축구 종주국 영국? 레알 마드리드와 FC바르셀로나가 있는 스페인? 아니면 메시, 마라도나 등 유명 축구스타가 있는 아르헨티나? 삼바축구의 브라질! 다양한 나라가 떠오르지? 여행을 떠나기 전에는 '축구'하면 바로 떠오르는 나라가 없었지만 여행을 마친 지금, 난 축구하면 독일이 제일 먼저 떠올라.

유럽 여행을 하는 동안 유럽에는 한참 유로 2016(UEFA 유럽 축구 선수권 대회)의 열기가 가득했어. 워낙 유럽인들의 축구사랑이 가득하다 보니 어느 도시를 가든 축구 이야기가 끊이질 않았지. 그리고 마침 독일에 도착한 날, 독일과 프랑스 두 나라간의 준결승전이 펼쳐졌어. 난 축구에 미친 듯이 열광하는 편은 아니지만 독일인과 함께 독일 축구 경기를 보는 일은 무척이나 흥미롭지 않을까 싶었어. 그래서 재빨리 날 초대해 줄 '현지인'을 찾았어. 마침 아우토반을 빠르게 달려서 정오가 되기도 전에 드레스덴에 도착했기에 시간도 넉넉했고.

카우치서핑으로 여기저기 꽤 많은 호스트에게 요청을 보낸 후 스타벅스 내에 있는 손님들을 주의 깊게 살폈어. 혹시나 날 집으로 초대할 사람이 있지 않을까 싶었거든. 마침 백발의 할아버지가 창가에 앉아서 신문을 읽고 있는 모습을 보고 그에게 다가갔어. 한가한 낮 시간에 카페에 앉아서 신문을 읽는 모습에 인자함이 느껴져서 날 손주처럼 대하며 집에 초대해 줄 것 같았거든. 물론 이상과 현실은 뭐다?

"Hello, Can you speak english?"

다행히 할아버지는 영어를 할 줄 아는 사람이었어.

"Sure, What's the matter?"

이렇게 처음엔 "날씨가 좋다"부터 시작해서 왜 여기에 앉아서 신문을 읽고 있는지, 뭘 읽는지, 사는 곳은 어딘지 등 자연스러운 꼬리물기로 대화를 이어 나갔어. 그리 멀지 않은 곳에서 아내와 단 둘이 살고 있다는 할아버지는 아내가 퇴근하면 같이 가려고 기다리는 중이라고 했어. 대화가 잘 풀리는 것 같아 내 여행 이야기를 하면서 조심스럽게 물어봤어. 괜찮다면 집에 날 초대해줄 수 있는지를 말이야. 그런데 할아버지는 아내가 불편해할 것 같아서 집에 초대하는 건 어려울 것 같다고 했어. 하지만 저녁식사를 함께 하는 건 어떠냐고 물었어. 아쉽지만 할머니의 퇴근이 저녁 일곱 시 이후이기도 하고, 먹을 것보다는 잘 곳이 더 큰 문제였기에 고맙다는 인사를 하고 다시 돌아왔어. 다행히 그 사이 두 명의 호스트에게서 초대하고 싶다는 연락이 왔어.

다른 도시에 비해 비교적 빠르게 세 시간 만에 호스트를 구했고, 다행히 축구 경기 시작 20분 전이었어. 마침 그 초대받은 친구의 집까지는 걸어서(빠른 걸음으로. 아니 거의 뛰듯이, 날듯이) 20분 거리였어.

보내준 주소를 보고 호스트의 집을 잘 찾아서 벨을 누르니 독일인 호스트 프리드리히Friedrich가 문을 열어줬어. 사진으로 봤을 때는 웃는 사진이 전혀 없고 잘생긴 외모라 혹여 성격이 조금 시크하지 않을까 싶었어. 게다가 독일인 하면 떠오르는 딱딱함이 있어서 (이것 또한 고정관념) 그가 살가움과는 거리가 있을지도 모른다고 생각했어. 그런데 생각과 달리 입을 열자마자 말투와 행동에서 느껴지는 형언할 수 없는 동지애(아마도 이건 나와 같은 과에 속하는 사람을 만났을 때 느끼는 그런 것)에 만난 지 1분도 안 돼서 오래된 친구처럼 느껴졌어.

가볍게 어깨를 한 번 툭 치고 맥주를 한 병 건네더니 경기가 막 시작했다며 가방 내려놓고 얼른 오라는 그의 모습이 독일버전 김병선을 보는 듯 했어. 프리드리히는 드레스덴 공과대학에서 임업을 전공하는 대학생인데 나이도 비슷한 또래다 보니 그가 더욱 편하게 느껴졌어. 물론 이제까지 많은 호스트들이 나에게 항상 살갑고 편하게 대해주었어. 하지만 비슷한 또래에게서 느껴지는 이름 모

를 편안함은 또 다른 느낌이니까. 여행을 떠나기 전에는 비슷한 나이 또래의 호스트에게 초대를 많이 받을 거라 생각했는데 두바이부터 독일까지 여섯 개의 나라 중 내 또래 호스트는 프리드리히가 처음이었어.

프리드리히의 집은 기숙사처럼 화장실은 공용으로 사용하고 네 개의 방을 각자 사용했어. 집에 도착하자마자 그의 방에 짐을 두고 친구들과 축구경기를 보려고 다른 방문을 연 난 너무 놀라서 맥주병을 던질 뻔 했어. 방 안에서 20명이 넘는(너무 당황해서 바로 자리에 앉느라 수를 셀 수도 없었어) 대규모 인원이 축구를 보고 있었거든! 게

다가 경기 시작했는데 빨리 앉으라는 무언의 눈빛을 쏘고 있는 40개의 눈동자는 덤. 오늘 경기를 보려고 모인 같은 학교 친구들이었어.

방문 앞에 맥주가 네 짝(120병)이나 있는 걸 보고 '독일은 물 대신 맥주를 마신다더니 사실인가 보다'라고 생각했는데 그게 아니라 이 많은 사람들 때문이었지.

즐겁고 신나는 분위기의 응원문화를 기대했는데, 기대와는 달리 현장 관람 분위기는 굉장히 엄숙했어. 축구경기가 아니라 흡사 북핵문제를 논의하는 6자회담 같았어. 프리드리히의 집으로 가는 길에 독일인과 함께 독일 축구 경기를 본다는 사실에 몹시 들떠 함께 사진 찍을 생각을 했는데, 이 엄숙한 분위기 속에서 말할 자신이 없었어. 그래서 전반전이 끝나기를 노렸어. 6자회담에서 "저기……, 우선 함께 인증 샷부터 찍고 시작해도 될까요? 하하……"라고 할 수는 없잖아. 그런데 하필 전반전이 끝나기 직전에 독일이 실점했어. 그것도 판정이 뭔가 석연치 않은 패널티 킥으로! 결국 혼돈과 샤우팅(격하게 소리를 지르는 행위) 속에서 전반전이 1대 0으로 끝났어. 상황이 심각했어. 북한이 세계 정상들에게 북핵을 불꽃놀이 하듯 여기저기 쏠 계획이라고 말하면 비슷한 표정이 나오지 않을까? 충격에 입을 다물지 못하는 사람부터, 비록 알아들을 순 없었지만 눈치로 느껴지는 순도 100퍼센트 독일 욕을 하는 친구들, 뭔지 모를 물건을 패대기치며 소리치는 친구들의 모습에 결국 사진 찍기를 포기했어. 그리고 후반전을 기대했어. 제발 역전해주길 바랐지.

후반전 상황…… 그래, 네 예상대로 상황은 좋아지지 않았어. 아니, 오히려 더 나빠졌지. 한 골 더 먹혔거든. 분위기? 오늘 축구경기가 있다는 걸 몰랐으면 독일에 전쟁이라도 난 게 아닌가 싶었을걸. 혹은 폭동? 전차군단이라는 독일의 별명이 목소리 때문이지 않나 싶더라. 소리의 크기와 소울Soul이 달랐어. 수원 월드컵 경기장에서 K-리그를 직관한 적이 있었는데, 그것보다 더 크고 생생한 사운드에 전율이 오를 정도? 그리고 전반전에는 분명히 맥주가 한 짝의 반 정도만 비어 있었는데, 후반전이 끝나고 나니까 남은 맥주가 없었어. 100병이 넘는데! 신기한 건 그렇게 마셨지만 누구 하나 취하지 않았다는 거야. 단지 화만 잔뜩 나 있을 뿐.

결국 단체촬영은 물거품으로 돌아갔어. 어쩔 수 없잖아……. 안타까웠지만 그것보다 더 큰 안타까운 상황이 날 기다리고 있었어. 바로 '잘 곳'.

이상하지? 분명히 초대받아서 자러 왔는데 갑자기 축구가 끝났다고 잘 곳 걱정을 해야 하다니 말이야. 다행히 잘 곳을 새로 구해서 다른 집에서 자야 하는 상황은 아니었어. 이 집에서 잘 수 있었어. 문제는 화장실에서 자야 하는 것.

프리드리히의 집 구조는 조금 특이했어. 현관문을 열고 들어가면 제일 먼저 긴 복도가 눈에 들어오고 왼쪽으로는 방만 네 개 있고, 반대편 오른쪽에는 화장실만 두 개 그리고 정면 끝에는 주방이 하나 있는 구조였거든. 복도는 두 사람이 지나갈 때 한 사람이 뒤통수와 날개뼈, 엉덩이 그리고 뒤꿈치까지 벽에 붙이고 가만히 서 있지 않는 이상 의도치 않게 꼭 부비부비를 해야만 지나갈 수 있을 만큼 좁았어.

프리드리히는 현관문에서 가장 가까운 방을 썼고 우리는 프리드리히의 옆 방에서 축구 경기를 봤어. 광란의 축구 경기가 끝나고 다들 잠을 자러 가는데 프리드리히가 난처한 표정으로 나에게 말했어.

"Sun, I'm Sorry. My girlfriend wants to sleep here today."

그의 말을 듣고 '아, 그럼 오늘 이 집에서는 잠을 못 자는 건가?'라는 생각이 들었는데 다행히도 그건 아니었지만, 여자친구 때문에 같은 방에서 잘 수 없어서 다른 곳에서 자야만 했어. 이 친구의 제2의 경기를 방해할 수는 없잖아. 여기서라도 그가 이기길 바라면서 다른 친구들 방에서 자려고 했는데, 다른 친구들도 상황은 마찬가지였어. 대단한 친구들……. 능력이 대단한 친구들이야. 그렇지?

처음엔 복도에서 잘까 생각했어. 하지만 아까 말한 것처럼 복도가 몹시 좁아서 자기 어려울 것 같았어. 자려고 누워 있으면 누군가 한 명은 날 꼭 즈려밟고 갈게 분명했거든. 더 큰 문제는 복도가 C자 모양으로 굽어있어서 불편하게 자야 해. 새우처럼. 게다가 내 잠자리만 불편한 게 아니라 다른 친구들이 밤에 화장실을 가기 불편할 것 같았어. 이런 많은 고민 끝에 내 잠자리로 함께 결정한 곳은 화장실이었어.

화장실에서 잠을 자면 굉장히 불결할 것 같고, 냄새 나고, 불편할 것 같지만 꽤 괜찮았어. 솔직히 고백하면 여행 중에 신발장이나 지하실, 거실 등 다양한 곳에서 자봤지만 그 중에서 오히려 편안한 곳에 속했어.

몇 가지 이유가 있는데 우선 바닥이 두 사람이 누워도 충분할 만큼 컸어. 유럽은 우리나라와 달리 화장실을 물청소하지 않는 경우가 많아서 바닥에 물기가 없어 건조하기도 했고. 덕분에 바닥에 침대 매트리스를 깔고 이불과 베개를 가지고 잘 수 있었어. 이 친구들이 굉장히 깔끔하게 사용해서 화장실이 워낙 쾌적했고, 나쁜 냄새는커녕 좋은 향기가 났어. 그리고 문을 잠그고 친구들에게 미리 공지해 다른 화장실만 이용하도록 해서 불편하지 않았어. 오히려 개인적인 공간이 생겼다는 심리적인 편안함에 잘 잘 수 있었어.

한 방에서 나와 프리드리히와 그의 여자친구가 함께 잤다면 오히려 더 불편하고, 이런저런 움직이는 소리에 잠 못 이루는 밤이 되지 않았을까?

100만 원으로 여행할 수 있는 꿀팁 10.

소전여행으로 독일을 여행한다면 도시 선정이 중요해. 도시마다 물가 차이가 심하거든. 옛 동독과 서독을 기준으로 차이가 나는데, 대표적으로 베를린과 드레스덴(특히 드레스덴)은 마트와 식당의 물가가 저렴해. 하지만 프랑크푸르트나 뮌헨(특히 뮌헨)은 살인적인 물가를 자랑하는 도시야. 드레스덴과 프랑크푸르트 두 도시를 모두 여행하면서 물가 차이를 확실히 느낄 수 있었는데, 프랑크푸르트는 음식 값이 드레스덴과 두 배 이상 차이가 나는 경우도 많았어. 그러니 도시 선정에 따라 예산 배분도 적절히 해야해.

🚌 Day 24 to 42:
생각보다 그리 힘들지 않은데?
성장하는 여행력

에피소드 11.

540킬로미터 속에
또 다른 내가 있더라

　| 과연 어떤 사람이 히치하이킹을 하는 낯선 동양인의 뭘 믿고 자기 차에 태워 줄까? 이 물음에 대한 답은 독일 드레스덴을 떠나 프랑크푸르트로 가는 길에 알게 되었어.

　드레스덴에서 프랑크푸르트로 가는 길에 날 제일 처음 태워준 사람은 독일 출신 운전자였어. 그녀는 맥도날드 앞에서 히치하이킹을 하고 있는 날 보고는 멀리서부터 우회해서 돌아왔어. 마치 오랜만에 만난 조카를 대하듯 자리를 툭툭 털어주고 환하고 아름다운 미소를 지으며 날 자신의 차로 맞이한 그녀의 모습이 인상적이었어. 아직 한 마디 말도 제대로 하지 않았는데 너무 친절해서 조금 경계해야겠다는 생각이 들 정도로(이건 생존과 연관된 어쩔 수 없는 경

계심이니까!). 하지만 대화를 시작하고 10분도 안 돼서 긴장이 모두 풀어졌어. 그녀가 벨트를 매자마자 자기 이야기를 시작했거든.

그녀는 20여 년 전 히치하이킹만 해서 독일과 폴란드를 시작으로 유럽의 많은 나라를 여행한 당찬 여행가였어. 그녀는 자신이 여행을 했을 때만 해도 지금보다 차가 더 적었고, 대중교통도 잘 발달되어 있지 않아서 운전자들이 배낭여행객을 보면 쉽게 차를 세워줬다고 했어. 그러면서 지금은 대중교통도 잘 발달되어 있고 사람들도 서로를 많이 경계하다 보니, 낯선 여행자를 태워주려 않아서 힘들 거라며 날 걱정했어. 그녀의 여행 이야기를 듣다 보니 어느덧 100킬로미터 정도를 눈 깜짝할 사이에 지나갔어. 가는 방향이 다르기에 근처 휴게소에서 내려야 했는데, 그녀는 옛 추억이 떠올랐는지 지도를 펼치더니 나보다 더 열정적으로 다음 히차하이킹으로 적합한 곳을 찾기 시작했어. 그러고는 자신의 목적지보다 50킬로미터나 더 떨어진 곳에(하지만 내가 히치하이킹 하기에 더 좋은 장소) 날 데려다 주고 돌아갔어.

확실히 히치하이킹 선배인 그녀의 추측은 정확했어. 휴게소 출구에서 한 시간 정도 기다리니 운전자가 바로 태워주었거든(한 시간이면 충분히 빠른 편이야). 두 번째 운전자는 폴란드 출신의 운전자였는데, 그는 신기하게도 그녀와 반대로 어릴 적에 폴란드에서 독일까지 히치하이킹으로 여행한 경험이 있었어. 그 또한 재밌는 여행을 한 여행가답게 운전을 하면서 자신의 독일 여행 이야기를 해주었는데, 그는 독일에 갈 때는 히치하이킹으로 가고 돌아올 때는 기차를 타고 돌아왔어. 기차를 타고 가니까 몸과 마음은 편했는데, 문제는 독일을 여행하면서 돈을 다 쓰고 기차비만 남아서 배가 너무 고팠다는 거야. 그런데 하필 또 옆자리에 앉은 사람이 소시지를 맛있게 먹고 있었대. 배고픔 때문에 본능적으로 그가 소시지를 먹는 모습을 빤히 쳐다 보았는데, 그 시선을 느꼈는지(당연히 느꼈겠지) 그에게 혹시 배가 고프냐고 물었대. 약간 민망하긴 했지만 아니라고 할 수는 없어서 수줍게 그렇다고 이야기를 하니까, 그는 웃으며 자신의 소시지를 나누어 주었대. 그 소시지 하나가 여행 중 가장 큰 추억이라고 말하며 그는 그때 먹은 그 소시지의 맛을 회상했어. 이야기를 마치더니 갑자기 생각이 났는지 차 안에 있는 빵을 잔뜩 챙겨서 나에게 주었어. 나 또한 하루 종일 굶은 터라 이 빵이 그렇게 맛있을 수가 없더라(그리고 빵을 조금 남겨두었는데, 그게 나중에 프랑크푸르트에 도착해서 날 살리는 생명줄이 될 줄은 전혀 몰랐어).

앞에서 사고가 났는지 차가 막히면서 운전이 두 시간 이상 길어지자 그는 졸리면 자도 괜찮다며 날 배려했어. 조수석에서 자는 건, 게다가 모르는 사람의 차에 타고 조수석에서 잠이 드는 건, 나와 운전자 모두에게 위험한 일이야. 조수석에서 자는 나 때문에 운전자까지 졸릴 수 있으니까. 그걸 알기에 필사적으로 참으려고 했는데도 불구하고 차가 막히면서 피곤함이 격하게 몰려와 꾸벅꾸벅 졸다가 결국 깜빡 잠이 들고 말았어. 다행히 사고는 없었지만 잠을 깨고 지도를 보니 목적지보다 남쪽으로 꽤 많이 지나왔더라. 그는 뮌헨^{Munchen} 근처로 가는 중이었는데 중간에 휴게소가 없어서 계속 길을 따라 가다 보니 꽤 남쪽까지 내려오게 된 거야. 서쪽으로 가야 하는 나와는 중간쯤에서 헤어져야 했었지. 다행히 그는 부모님을 만나러 가는 길이라 바쁘지 않으니 좋은 장소가 나타날 때까지 태워주겠다고 말하고는 서쪽으로 가는 도로의 휴게소까지 돌아가 주었어. 이렇게 세 시간이 넘는 긴 드라이브를 마치고 그와 인사를 하고 헤어졌어.

그가 내려준 곳은 뉘른베르크^{Nuernberg}라는 곳이었는데, 드레스덴에서 꽤 멀리 오긴 했지만 프랑크푸르트까지는 아직도 300킬로미터 정도 떨어진 곳이었어. 한 번에 간다면 400킬로미터 정도의 거리인데, 뱀 지나가듯 위로 갔다 아래로 갔다 하며 오다 보니 200킬로미터를 넘게 왔는데도 아직 반이 넘게 남았어.

뉘른베르크의 휴게소에는 프랑크푸르트로 가는 차가 많지 않았어. 대부분 뮌헨으로 가는 차들이었거든. 설상가상으로 상자도 구하지 못해 제대로 된 사인도 만들 수 없었어. 그래서 그냥 엄지 손가락만 믿고 히치하이킹을 하는데, 나처럼 길을 잘못 들어서 헤매다가 다시 돌아가는 길이라는 운전자를 만나게 되었어. 어쩜 이렇게 운이 좋을까!

그의 이름은 위르겐^{Jurgen}. 부자동네인 뮌헨 출신이고, 어베스트^{avast}라는 컴퓨터 프로그램 백신을 만드는 회사에서 일하는 사람이야. BMW X5는 처음이어서 신났는데, 그의 센스 있는 음악 선곡과 가벼운 대화 주제, 게다가 프랑크푸르트를 지나가니 목적지까지 태워주겠다는 그의 말 덕분에 거의 뭐 흥을 주체하지 못하고 엔도

르핀 대 방출.

전날 운 좋게도 드레스덴에서 카우치서핑으로 호스트를 미리 구한 덕분에 목적지가 정해져 있었지만, 아마 위르겐을 만나지 못했다면 엄청 고생했을 거야. 프랑크푸르트의 호스트 집이 고속도로 옆에 있어서 도보로는 거의 가기 힘든 동네인데다가, 프랑크푸르트 중심부에서 40킬로미터나 떨어져 있었거든(거의 다른 도시라고 봐도 무방할 정도였어. 대전부터 청주까지가 40킬로미터인데!).

프랑크푸르트에 진입할 즈음 위르겐은 나에게 목적지의 정확한 주소를 물어보았어. 메시지를 열어서 찾아보려고 했는데 하필 그 타이밍에 핸드폰이 꺼지고 말았어. 게다가 충전기마저 고장 나서 몹시 당황스러웠어(런던에 이어 멍청함 2연타. 이러고 또 발렌시아에서 3연타를 침). 어떻게 해야 할지 모르겠어서 그냥 중심부 맥도날드에 세워 주면 충전 후에 혼자 찾아가겠다고 말했지만, 그는 자신의 일정이 그리 급하지 않다며 호스트의 집 주소를 찾을 수 있는 다른 방법을 생각해 보라고 했어. 그가 빌려준 그의 핸드폰으로 카우치서핑에 접속해서 호스트의 연락처와 주소를 찾을 수 있었고, 그에게 말하니 그는 직접 호스트에게 전화를 걸어 호스트에게 도착 예정시각과 만날 위치까지 말해주었어. 그러고는 호스트의 집 앞까지 날 데려다 주는 것으로 그치지 않고, 호스트를 직접 만나 인사하고 내 신변이 확실히 안전해진 걸 보고 나서야 돌아갔어. 그는 독일의 서쪽 끝으로 가는 길이라 앞으로 300킬로미터를 더 가야 했어. 그런데도 처음 만난 동양인에게 아무런 대가도 바라지 않고 호의를 베푼 거야. 짧은 인연이지만 끝까지 섬세하게 신경 쓰는 그의 따뜻한 마음씨에 눈물이 그렁그렁해졌어(남자 셋이 모여있는데 펑펑 울 수는 없으니까……).

그의 차가 떠나가는 모습을 바라보면서 그가 하고 있는 사업이, 일이 모두 성공하길 빌었어. 그는 지금도 많은 사람들에게 따뜻한 마음을 베풀고 또 많은 사람의 사랑을 받으며 살아가고 있겠지?

드레스덴에서 프랑크푸르트까지의 거리는 약 470킬로미터 정도야. 하지만 실제로 히치하이킹을 하다 보면 엉뚱한 곳에서 내려서 다시 돌아가기도 하고, 길을 잃어서 헤매기도 하지. 그래서 이날, 빙글빙글 돌고 돌아 540킬로미터를 넘게 고속도로를 휘젓고 다니고 나서야 프랑크푸르트에 도착할 수 있었지. 비록 돌아가긴 했지만 540킬로미터 속에서 좋은 사람들을 만나고, 좋은 이야기를 들을 수 있었기에 빠르게 온 것보다 돌아와서 참 다행이라는 생각이 들었어.

한국인과 유럽인, 동양인과 서양인은 외모, 문화, 언어 등 많은 것이 달라. 생각이나 사고방식 또한 다르지. 때문에 난 여행을 떠나기 전, 한국인과 유럽인은 크게 다를 거라고 생각했어. 한국인의 정은 찾아 볼 수 없을 것 같았고, 개인주의는 팽배할 것 같았고, 인종차별도 강해서 날(동양인을) 무시할 것 같았어. 실제 국제뉴스에서는 하루가 멀다 하고 인종차별이나 개인주의로 때문에 일어난 문제에 대한 이야기가 끊임없잖아. 하지만, 이런 내 고정관념과 얕은 지식은 여행을 통해 바뀌고 깨졌어. 여행을 하면서 인종차별이라고는 한 번도 당한 적도, 느껴본 적도 없었거든. 물론, 운이 좋아서 그랬을 수도 있겠지? 다른 사람들은 인종차별이나 나쁜 경험을 하는 경우가 종종 있으니까. 하지만 오히려 동양인에게, 한국인에게 호의를 가진 사람이 꽤 많아. 그리고 '차별'은 나라와 문화와 상관없이 '사람'의 문제인 경우가 많고.

540킬로미터 속에서 만난 또 다른 '나'를 보면서 사람이 사는 곳은 크게 다르지 않다는 걸 느꼈어. 그들도 여행을 좋아하고, 여행자를 좋아하고, 비슷한 여행을 하고, 정이 많고, 비슷한 생각을 하고, 비슷한 경험을 가진 사람들이라는 걸 말이야. 이번 여행을 떠나기 전까지 난 외국인과 이렇게 깊게 대화를 나눠본 적이 없어서 몰랐어. 그들의 이야기를 들어볼 기회가 없었지. 뉴스나 사람들의 입 소문을 통해 귀로 듣는 세계 말고, 직접 여행을 떠나 눈으로 마주하는 세계 속에는 주로 무시무시한 테러리스트나 인종차별자들이 사는 게 아니라, 착하고 마음씨 따뜻한 좋은 '사람'들이 살고 있어. 그러니 뉴스만 보고 너무 겁먹지 말고 직접 짐을 싸고, 여행을 떠나서 세계 속의 사람들과 소통해봐!

100만 원으로 여행할 수 있는 꿀팁 11.

여행방식과 상관없이 모든 상황에 대한 플랜 B는 필수, 플랜 C까지 있다면 더욱 좋아. 프랑크푸르트에 거의 다 도착했을 때쯤 핸드폰이 꺼지고 충전 케이블까지 망가져서 엄청 곤란했거든. 충전케이블 여분을 하나 더 가지고 가기도 했지만, 그것까지 망가져서 다시 케이블을 살 뻔했어. 말라야^{Malaya}가 자기 케이블을 쓰라며 선물로 주지 않았다면 열흘 치 식비에 가까운 20유로를 충전케이블 사는 데 써야 했을 거야. 이렇게 충전 케이블처럼 망가지기 쉬운 장비는 여분을 충분히 챙겨가는 편이 좋아.

에피소드 12.
나는 자연인이다

| 혹시 비건[Vegan]이라고 알아?

난 비건이라는 단어를 소시지의 나라인 프랑크푸르트에서 처음 들었어. 프랑크푸르트에 사는 말라야가 자신을 비건이라고 소개했거든. 영어가 짧다 보니, 처음엔 이게 자신을 부르는 호칭이나 애칭 같은 거라고 생각했어. 말라야(이게 그의 애칭이야. 그는 본명보다 히말라야에서 딴 애칭인 '말라야'로 불러주길 바랐어. 그의 본명은 오즈거[Ozgur]야)의 집에 도착하니 늦은 저녁이었어.

여행하면서 어느 정도 눈치 챘겠지만 난 사람을 묘사하는 데 젬병이야. 개개인의 특징을 말살시킨 공산주의식 인물 묘사에 많이 당황스러웠을 거라 생각해. 사진이 발명되지 않았다면 여행에서 만난 많은 이들을 동일 인물로 착각했을 거야. 그나마 말라야는 특징이 꽤 두드러져서 묘사를 잘 할 수 있을 것 같아.

말라야는 180과 190센티미터 사이인데, 아마도 183센티미터쯤 되어 보이는 큰 키. 살이 거의 없어서 말랐지만 요가로 만들어진 단단한 근육질의 몸. 어깨까지 내려올 정도의, 덥수룩하지만 잘 때를 제외하면 항상 묶어서 틀어 올린 헤어스타일. 그리고 관우와 장비의 중간쯤 되어 보이는 길이의 수염. 얼굴에는 눈이 두 개(눈이 좀 컸음), 귀도 두 개, 코도 대충 두 개거나 하나쯤 있었던 것 같아. 이 정도면 확실히 다르지?

어릴 적 뭘 그렇게 못 먹었는지 크다 만 것 같은 나와는 다르게 말라야는 큰 키를 자랑했어. 키도 큰데다가 덥수룩한 수염과 날카로운 눈빛 때문에 주먹 좀 쓰나 싶어서 긴장했는데, 집으로 들어가는 입구에서 자신이 가꾸는 정원의 꽃과 식물을 보여주며 뿌듯하는 걸 보고 내 예상과 달리 소녀감성을 가졌을지도 모른다고 생각했어. 날카롭다고 느낀 눈빛도 갑자기 초롱초롱하고 순박한 시골 소녀처럼 보였어.

말라야의 집에 도착했을 때는 차 안에서 먹은 빵을 제외하고 하루 종일 한 끼도 먹지 못해서 배가 많이 고팠어. 그래서 그에게 집에 혹시 먹을 게 있는지 물어보았는데, 그는 이렇게 말했어.

"너는 나의 게스트니까 집에 있는 모든 것은 너의 것이야. 냉장고에 있는 음식 마음껏 꺼내 먹어."

기쁨 반, 설렘 반으로 냉장고를 활짝 열었는데…… 냉장고 안에는 반전이 기다리고 있었어. 안이 풀숲이더라. 당근, 오이, 애호박

같은 야채만 가득했어. 아까 보여준 정원이 그대로 냉장고 안에 있던데? 돼지고기, 소고기, 닭고기는커녕 물고기 한 마리조차 없었어. 더 큰 문제는 조리할 수 있는 음식이 전혀 없어서 뭘 먹을 수가 없었어. 뒤에서 내가 뭘 고를지 기대에 찬 눈으로 바라보는 말라야에게 혹시 장을 아직 안 본거냐고 물어보았어. 그랬더니 그는 이게 원래 다라며, 오이가 맛있다고 했어. "아니…… 오이 말고"라고 대답하면서도 오이를 받아 먹게 되더라…….

　일단 오이를 하나 받아들고 씹었는데 한나절 가까운 공복에 초록색 야채를 몸속에 넣으니 초록색 그 자체를 먹은 기분이었어. 여름에 시원한 오이 하나는 정말 아삭하고 맛있지. 하지만 방금 씹은

에피소드 8.
힐튼과 하얏트와 함께 홈 파티를

너 안 바쁘면 놀러올래? 여긴 하늘에 맞닿은 공원이야.

저녁 해가 질 때쯤 다니엘^{Daniel}의 연락을 받았어. 프라하에 도착해서 카우치서핑 호스트로 만난 페루 출신의 다니엘은 멋진 여행을 마치고 프라하에서 일하며 지내고 있었어. 그는 내 메시지에서 여행 이야기를 보고 흥미를 느껴서 자신의 집으로 날 초대했어. 다니엘도 지난 해 여자친구와 루나^{Luna}(그가 키우는 힘이 센 육식동물. 아니, 강아지)를 데리고 오스트리아-에스토니아-스페인을 히치하이킹과 카우치서핑 그리고 캠핑으로 이색여행을 했대. 다니엘은 날 초대하면서 자신의 여행이 생각난다며 자신이 내 여행에 도움이 되었으면 좋겠다고 했어. 이 친구도 정말 멋진 여행가지? 혼자도

힘든데, 여자 친구 그리고 꽤 큰 강아지와 함께 유럽을 여행하다니 말이야!

다니엘이 일 때문에 바쁠 때여서 프라하를 돌아다니며 구경은 혼자 해야 했어. 그렇게 이틀이 지나고 마침 프라하의 고즈넉함에 슬슬 지루함을 느낄 때쯤 다니엘에게 메시지를 받은 거야. 하늘에 맞닿은 공원이 뭔가 싶어서 다니엘이 구글맵 좌표를 찍어준 곳으로 한 걸음에 달려갔어(이때는 좌표만 보고 따라가서 몰랐는데 나중에 찾아보니 이 공원의 이름은 레트나 비어 파크^{Letna Beer Park}였어). 공원에 도착하고 나니 왜 하늘 공원인지 알 것 같더라. 하늘만 바라보고 온 힘

을 다해 이백 개쯤 되는 계단을 한참 올라가서야 넓은 공원이 나타났거든. 도착하고 나니 현기증 때문에 하늘나라로 갈 것 같아서 하늘공원인가 싶더라. 도착한 공원에는 이미 다니엘의 친구들이 맥주를 마시며 대화의 꽃을 피우고 있었어.

하늘공원에 도착한 내 모습이 그들에게 좀 충격적이었던 것 같아. 아니, 정확히는 공원에서 있던 많은 사람들에게 충격적인 것 같았어. 친구들이 앉아 있는 자리를 찾으려고 두리번거릴 때마다 아이컨택을 끊임없이 하다보니 모든 시선이 집중된 걸 확실히 알 수 있었어. 다니엘의 친구 또한 비슷한 시선으로 날 바라보고 있다가 내가 같은 테이블에 앉으니 몹시 놀랐어. 알고 보니 다니엘이 친구들에게 내가 온다고 말을 안 했다고 하더라.

단순히 동양인이라서 놀랐냐고? 아니야. 프라하에 동양인이, 특히 한국인이 얼마나 많은데! 물론 프라터 공원에는 동양인이 손에 꼽힐 정도였지만. 그것보다도 40도 가까이 되는 그 더운 프라하의 여름에 난초가 그려진 하얀 부채를 들고 한복을 입고 나타났으니 놀랄 만도 했을 거야. 어쨌든 튀는 한복 덕분에 난 단숨에 모임의 주인공이 되었어. 게다가 여행을 하면서 겪은 재미있는 에피소드들을 이야기하다 보니 친구들과 금방 친해졌어. 이런저런 질문도 하고 맥주를 마시며 서로 이야기를 하는데, 알고 보니 모여있는 열 명이 넘는 친구가 모두 하얏트와 힐튼 호텔에서 일하는 현직 호텔리어였어!

어릴 적 내 꿈은 호텔에서 일하는 거였어. 멋진 건물과 깔끔한 복장, 그리고 멋진 사람들이 오가는 호텔에서 근무하는 모습을 상상하면서 꿈을 키웠어. 아, 물론 상상과 현실은 다른 거 알지? 지금은 호텔에서 일하려는 마음은 없었지만 나름 한 때는 유망한 호텔리어를 꿈꿨어! 그래서 대학도 수원대학교 호텔관광학부에서 호텔경영을 전공했지.

직장을 고를 때 대부분 대기업을 선호하는 것처럼 호텔에서 일하길 바라는 사람에게 '힐튼 호텔'과 '하얏트 호텔' 같은 세계적인 브랜드 호텔은 취업하길 바라는 선망의 대상이야. 그런데, 최소 5년에서 10년 넘게 일한 현직자들과 어디서도 쉽게 들을 수 없는 '진

이 오이는 두 개를 먹으면 슈렉처럼 몸이 초록색으로 변할 것만 같은 맛이었어. 물론 오이는 한국에서 먹는 오이랑 같은 맛이야. 아니, 오히려 더 싱싱하고 건강한 순도 100퍼센트 유기농 오이지. 하지만 그 긴 오이를 두 번 이상 씹으면 초록색 토를 하겠다 싶어서 빨리 삼키고 그에게 물었어(왜 뱉질 못하니, 왜 뱉질 못해……).

"말라야, 오이가 참 맛있네! 하하, 그런데 혹시 다른 음식도 있을까? 뭔가 따뜻한 거? 날씨가 좀 춥네?"

프랑크푸르트에 있는 동안 30도 아래로 기온이 떨어진 적은 한 번도 없었지만, 일단 따뜻한 무언가가 먹고 싶었어. 하지만 그는 자신은 특별한 비건이라서 조리를 하지 않는다고 대답했어. 집에 왔을 때도, 냉장고를 열 때도, 계속해서 나오는 단어인 '비건'이라는 단어에 이상함을 느끼고 네이버에 검색을 해봤어. 알고 보니 비건이란 채식주의자 중에서도 엄격한 채식주의자를 뜻하는 단어더라. 채식주의자는 단지 고기만 먹지 않지만, 비건은 고기는 물론 우유, 달걀 등 육류에서 파생된 음식도 먹지 않아.

문제는, 그는 비건의 수준을 한 단계…… 아니 두세 단계쯤 더 뛰어 넘는 비건이었어. 거의 비건계의 최종보스랄까. 한국으로 치면 자연인? 말라야가 먹지 않는 음식으로는 쌀과 고기는 물론, 유제품, 보리, 밀, 설탕, 소금 심지어는 과일까지! 자신이 직접 키운 채소를 제외하면 대부분의 음식을 먹지 않았어. 게다가 조리도 하지 않고, 생식으로 과일을 손으로 쓱쓱 닦고 칼로 잘라 먹었어(아니면 그냥 입으로 물어뜯거나). 당근과 오이는 나도 생으로 먹는데, 애호박을 생으로 먹는 걸 이 날 처음 봤어. 이것보다 더 놀라운 건 이 생활을 몇 년째(!) 해오고 있다는 사실.

채식보단 육식에 가까운, 아니 정확히는 고기가 인생의 낙인 나(고기파이터, 프로고기러, 고기홀릭커, 김고기로 불리는)에게 큰 위기가 찾아왔어. 국사 교과서에서 본 불을 사용하기 이전 시대의 사람을 제외하고, 모든 음식에 불을 사용하지 않고 음식을 먹는 사람이 현대 사회에 아직 남아있다는 사실에 문화충격을 받았어. 회도 아니고……. 그의 냉장고는 단순히 오이를 좀 더 시원하게 먹는 데 필요한 도구였어.

　로마에 가면 로마법을 따르라고 했잖아? 그래서 나도 말라야처
럼 비건 생활을 해보기로 했어. 하지만 생각처럼 쉽게 초록색에 손
이 가지 않았는데, 다행히 잔뜩 쌓인 오이와 애호박 뒤에 과일이 있
었어. 그는 지난 주부터 과일 속 단맛도 절제하려고 과일까지 안 먹
기 시작했다고 했어. 그래서 일단 첫날 저녁은 바나나로 배를 채웠
어. 그런데 과일은 과일이지 밥은 아니잖아? 그런데 갑자기 프랑
크푸르트로 오는 길에 받은 빵 한 조각이 생각나는 거야(에피소드 11
참고)! 한 조각만 남겨두긴 했지만 그래도 이게 어디냐 싶어서 바나
나와 빵 한 조각으로 배를 채웠어. 약간 눅눅해진 빵 한 조각을 씹
으며 좀 힘들겠다고 생각하면서 말라야와 지내는 3일 동안 비건이

되어 보기로 결심했어.

　결론부터 말하면 난 틀렸어……. 첫날 저녁은 바나나, 둘째 날은 사과-바나나-사과(아침, 점심, 저녁), 셋째 날은 바나나-오렌지(아침-점심), 이렇게 먹다가 결국 3일째 되던 날 배탈이 났거든. 문제는 오렌지. 비교적 식사로 괜찮은 바나나와 사과로 배를 채웠을 때는 괜찮았는데, 문제는 두 과일을 다 먹고 나서 '뭘 먹지?' 하다가 오렌지를 먹은 게 화근이었어. 오렌지의 신맛 때문에 마치 뱃속에서 동학농민운동이 일어나 농민들이 곡괭이와 도라지 창으로 사정없이 찌르는 게 아닌가 싶을 정도로 배가 정신 없이 아팠어. 끙끙 앓다가 대학동기인 규림이에게 연락온 게 기억났어.

　'혹시 프랑크푸르트에 들리면, 우리 언니에게 연락해! 언니는 프랑크푸르트에서 신혼 생활 중이야. 페이스북에서 네 여행 이야기를 보고 언니에게 네 이야기를 하면서 꼭 만나서 밥 한 끼 사주라고 이야기했어!'

　다행히 규림이의 언니인 혜란이 누나는 규림이만큼 친절했어. 누나는 연락을 기다리고 있었다며 얼른 만나서 밥 한 끼 같이 하자고 했어. 말라야에게 시내에서 누나를 만나고 오겠다고 하고 아픈 배를 부여잡고 규림이의 언니를 만났어. 처음 본 사이인데도 내 안색이 꽤 안 좋았는지 일단 밥부터 먹자던 누나 덕분에 식당에서 고생한 뱃속에 고기와, 고기와, 고기를 골고루 잔뜩 넣어서 위로해 줄 수 있었어. 다행히 농민들도 고기를 받으니 꽤 진정했는지 더 이상 도라지창으로 찌르지 않더라…… 거의 울면서 먹은 것 같은 이 날의 팟타이는 인생에서 잊혀지지 않는 인생 팟타이야. 혜란이 누나와 함께 팟타이를 먹으며 확실히 깨달았어. 난 비건이 될 수 없다는 걸!

말라야와의 '나는 자연인이다' 생활에서 불편한 점이 한 가지 더 있었는데, 그건 바로 샤워였어. 난 씻는 걸 몹시 좋아해서 샤워에 좀 민감한 편이야. 겨울에도 하루에 두세 번씩 샤워를 하고 욕조 속에서 반신욕을 하는 걸 즐길 정도로. 그런데 말라야의 집에는 '화장실'이 없었어(놀랍게도 사실이야). 정확히 말하면 화장실과 비슷한 건 '싱크대'가 다야. 그럼 볼일은 어떻게 보냐고? 혹시 말라야의 정원……? 하하, 전혀 아니야. 처음엔 그렇게 생각해서 정원에서 볼일을 봐야 하나 싶어서 말라야에게 물어보니, 그는 나에게 집 바로 앞에 있는 레스토랑 화장실을 이용하라고 했어. 집을 계약할 때 레스토랑 주인과 미리 협의를 한 거라고 하더라. 그래서 레스토랑 화장실의 열쇠도 가지고 있었어. 다행히 레스토랑 내부에 있는 화장실은 아니고 외부에 화장실이 있었는데, 문제는 볼일은 볼 수 있는데 샤워는 불가능하다는 거였어. 샤워에 민감한 난 해뜨기도 전, 이른 새벽에 일어나 머리를 감고 세수를 했어. 물론, 시원한 샤워는 끝내 할 수 없었지만 사람은 적응하는 동물이라고 3일째 되던 날엔 편……하던데……?

슬슬 나도 자연인 생활이 익숙해지자 말라야에게 물어봤어. 왜 이렇게 조금은 불편한 생활을 사서 하는지(고생을 사서 한다는 표현을 영어로 말하는 건 참 어렵더라). 말라야는 내 질문에 이렇게 답했어.

"우리는 육식을 하느라 많은 동물을 죽이고 동물을 키우느라 많은 노동을 해야 하는데, 그 과정에서 많은 문제가 생겨나. 난 그걸 원치 않거든."

그는 샤워 문제도 이렇게 말했어.

"맞아. 난 샤워를 하지 않아. 샤워를 하면서 발생하는 환경파괴 때문에 많은 자연이 훼손되는 게 싫거든. 난 지구를 해치고 싶지 않아. 내가 샤워를 하지 않는다는 이유로 친구도, 주변 사람도 많이들 떠나갔어. 내가 그들과 다르기 때문에 불편하다면서. 하지만 난 그래도 이렇게 나와 뜻이 같은 사람이 많아진다면 세상의 많은 문제를 꽤 많이 해결할 수 있을 거라 생각해."

소신 있는 그의 이야기는 어찌 보면 미련하게 느껴지기도 하지만, 쉽게 쓰고 버리는 것이 많아진 요즘을 돌이켜보니 꽤 많은 생각을 하게 됐어. 이건 비단 비건만의 문제가 아니라는 생각이 들었어. 물론 난 육식을 포기하기는 어려울 것 같아. 샤워도 그렇고. 하지만 말라야의 이야기를 듣고 내가 절약할 수 있는 것, 불필요한 소비에 대해 다시 한 번 생각하게 되었어.

나와 가장 다른 성향의 사람과 함께 했던 시간이라 가장 힘들었을 거라고 생각하지? 하지만 전혀 아니야. 오히려 여행을 통틀어 말라야의 집이 가장 편안했어. 눈치 볼 것도, 신경 쓸 것도 없어서 몸도, 마음도 모두 편안했거든.

떠나는 날, 말라야는 어려운 여행은 잠시 멈추고, 자신의 집에서 내가 원하는 만큼 머물러도 좋다고 했어. 100일 여행을 하니까 자신의 집에서 100일 동안 있는 건 어떠냐면서. 솔직히 고민 많이 했어. 날씨는 더웠고, 여행은 그만큼 힘들었고, 그보다 정말 편하고 좋은 친구를 만났다고 생각했기에! 식사와 샤워가 조금 불편하지만 매일 아침 함께 일어나 마당의 잔디에서 요가매트를 깔아놓고 요가를 하고, 싱어송라이터인 말라야가 자신이 만든 노래를 들려주기도 하고, 자신이 아는 한국 노래인 '위잉위잉(밴드 혁오의 데뷔 앨범 타이틀곡)'을 나와 함께 흥얼거리는 매일이 즐거웠어. 점심에는 함께 마을을 산책하며 서로의 가치관을 이야기하고, 저녁에는 은밀한 연애 이야기까지 하며 밤을 지새웠지. 진정한 친구가 생겼으니 얼마나 아쉬웠겠어. 하지만 난 여행자잖아. 그래서 아쉬운 마음을 접어두고 그에게 고맙지만 여행을 계속하겠다고 말했어. 그도 진심으로 아쉬워했지만 날 이해하며 작별인사를 했어.

아직도 그의 마지막 인사가 기억에 남아. "Sun! 오늘 히치하이킹에 실패한다면 언제든 우리 집으로 돌아와도 좋아. 그리고, 언제든 다시 프랑크푸르트에 오게 되면 연락해. 넌 언제든지 환영이야, My Friend!"

100만 원으로 여행할 수 있는 꿀팁 12.

호스트에게 메시지를 보내기 전, 미리 호스트의 성향을 파악하는 것이 중요해. 식사 습관이나 종교, 성에 대한 성향 등을 파악하지 않고 만나면 서로 당황할 수 있거든. 카우치서핑의 경우 일반적으로 '자기 소개'에 이런 정보를 적어두니 꼭 확인하기 바라. 적게는 하루, 길게는 일주일 동안 함께 지낼 텐데 서로 불편할 수 있으니 꼼꼼히 보는 게 좋아. 하지만 조금의 불편함을 감수할 마음과 새로운 삶과 관점이 궁금하다면 일단 만나봐!

에피소드 13.
자전거의 나라에서는
자전거 히치하이킹을!

| 말라야와의 3일은 스타크래
프트를 처음 한 날처럼 시간 가는 줄 모르고 지나갔고, 덕분에 급하
게 그와 작별인사를 하고 떠나야 했어. 다행히 아침 일찍 말라야가
차로 괜찮은 히치하이킹 장소까지 데려다줘서 평소보다 이른 시간
에 다른 도시로 떠날 수 있었어. 하지만 분명히 이른 아침의 프랑크
푸르트의 날씨는 맑았는데 히치하이킹을 시작하니 갑자기 이슬비
가 조금씩 내리기 시작하더니 빗줄기가 굵어졌어.

비가 많이 내리면 히치하이킹을 하기 어려우니까 조금이라도
빨리 다음 목적지인 네덜란드 암스테르담까지 가려고 번호판에 H
가 적혀있는 ^{Holland} 차량을 세우려고 필사적으로 노력했어. 종이상
자를 찢어서 팻말도 만들고, 춤도 추고, 노래도 부르고, 지나가는

차에 큰 소리로 어디까지 가느냐고 외치기까지. 그 모습이 조금은
웃겼는지 익살스러운 표정으로 창문을 연 트럭기사 아저씨가 타
라고 외쳤어.

트럭기사 아저씨는 네덜란드까지 가는 길이었어. 이렇게 운이
좋을 수가! 400킬로미터 이상을 가야 해서 꽤 험난한 하루를 예상
했는데, 한 번에 네덜란드까지 가는 차를 타다니! 300킬로미터 정
도의 거리도 세 번씩 차를 갈아 타야 하는 경우도 많았는데 말이야.
이런 저런 이야기를 하며 가는데 차에 탄 지 10분도 채 안 돼서 폭우
가 쏟아졌어. 빗방울이 조금씩 굵어지기 시작해서 바뀌어봤자 얼

마나 바뀌겠어? 라고 생각했는데, 몇 분 지나지 않아서 갑자기 도로가 한치 앞도 보이지 않을 정도로 심각하게 많이 왔어. 도로 위 모든 차가 낮 두 시에 라이트를 켜고 저속주행을 할 정도로! 다행히 비가 길게 오지는 않았지만, 짧은 시간 동안 꽤 마음 졸이게 되더라.

쉴새 없이 달렸는데도 불구하고 워낙 먼 거리다 보니 네덜란드 국경을 넘자 거의 하루의 반이 지났어. 급작스러운 폭우에 함께 생사를 오가는 시간을 보낸 트럭기사 운전사 아저씨와는 이미 경제, 사회, 문화, 여행, 심지어 연애까지 이야기해서 도착할 때는 더 이상할 이야기가 없을 정도였어. 독일 국경을 넘고 네덜란드에 도착했을 때쯤 네덜란드 전통음식 이야기를 하고 있었는데, 그는 마침 자신도 배가 고프고 전통음식도 보여주고 싶다며 날 식당으로 데리고 갔어. 그런데 그와 같이 간 곳에서 먹은 음식이 전통음식이 맞나 싶어. 감자튀김에 마요네즈를 뿌려 먹는 게 네덜란드 전통음식이라고 했거든. 긴가민가했지만 정말 감자튀김과 마요네즈 조합은 처음보는 거라 네덜란드 스타일인가보다 싶었어. 그리고 네덜란드식이라는 크로켓도 함께 나누어 먹었어. 그는 암스테르담 바로 옆 도시로 가야 해서 날 가까운 휴게소에 내려주고 작별인사를 하고 떠났어.

그 이후 암스테르담 도심으로 깊게 들어가려고 차를 세 번 더 갈

아타고 해가 뉘엿뉘엿 질 때쯤 암스테르담에 도착했어. 세상에서 가장 자유로운 도시라고 불리는 암스테르담답게 도시에서 처음 맡아보는 대마 냄새가 진동했어(담배 냄새라고 하기엔 뭔가 퀘퀘했는데 나중에 알고 보니 이게 대마 냄새라고 하더라!). 낯선 환경을 즐기는 '나'이지만 암스테르담에 대한 무시무시(?)한 소문에 꽤 긴장했어. 길거리에 UFC파이터 출신이 많아서 눈만 마주쳐도 맞을 수 있다는 둥, 길에 있는 두 명 중 한 명은 마약에 찌들었다는 둥, 여자가 작업을 걸면 꽃뱀이라는 둥 이것저것 들은 이야기 때문에 긴장하며 암스테르담을 걸었어.

맥도날드를 찾아서 카우치서핑으로 초대요청을 보내고 산책중인 현지인에게 잘 곳을 제공할 수 있는 물어보려고 무작정 거리를 걸었어. 그런데 암스테르담은 작은데 사람들이 북적거려서 복잡하기로는 금요일 밤 강남 클럽 앞이나 다름이 없었어. 큰 소리의 음악, 만취한 취객, 어디서든 밀려오는 담배 냄새, 그리고 감사한 복장 불량의 누나들까지!

혹시 지금 지도를 볼 수 있다면 암스테르담의 지도를 확대해서 한 번 봐봐. 마치 거미줄처럼 강이 도시를 겹겹이 둘러싸고 있는 모양새야. 이렇게 옛 사람들이 운하도시로 계획해서 만든 도시인 암스테르담의 모습은 굉장히 정교해.

그래서 강 위의 보트하우스가 더욱 빛이 나지. 정교하게 나뉜 강위에 떠 있는 수백 척의 보트들! 이 보트들을 보면서 자연스럽게 강위에서, 별 밑에서 자는 밤을 생각했어! 정말 로맨틱하지 않아? 그

래서 아름답게 떠있는 보트하우스 중 한 곳에서 오늘 초대를 받아 자야겠다고 결심했어. 집 주인이 나타나면 말을 걸고, 내 여행 이야 기를 했지. 그런데 아쉽게도 다들 가족이 있어서 초대가 어렵다는 대답만 돌아왔어. 그래도 포기하고 싶지 않아서 끊임없이 날 초대 할 보트하우스 주인을 찾고 다녔는데, 갑자기 누군가 날 쳐다보고 있는 기분이 들었어. 주변을 돌아보다 한 남자와 눈이 마주쳤어.

한국이었으면 눈만 마주쳐도 "뭘 봐?"라며 내 지갑을 공동소유 하려는 무서운 형들일지도 모른다고 생각했겠지만, 그는 그런 형은 아니었어(나중에 알고 보니 나보다 훨씬 어린 동생이었어!). 이미 이런 우연과 인연에 익숙해 있던 터라 손을 흔들며 "Hi, How are you?"를 외치며 다가갔어. 이게 나와 아서^{Arthur}의 첫 만남이야.

아서는 퇴근 후 자전거를 타고 집으로 향하는 길이었는데, 태극기가 달린 키만 한 큰 배낭을 메고 가는 한국인이 신기해서 보고 있었다고 했어. 그는 나에게 어디로 가느냐고 물어보았고, 난 그냥 앞을 향해 걷고 있다고 했어. 이번엔 내가 그에게 어디로 가느냐고 물으니 자신도 앞으로 가고 있다고 했어(말 장난하는 건가?).

그러더니 아서는 그럼 방향이 같으니 태워주겠다고 했어. 자전거를. 70킬로그램의 몸뚱이+15킬로그램의 배낭을 자전거 안장에 태우고 강변을 달리겠다고? 게다가 방금 만난 낯선 동양인을? 마치 바보 두 명이 나오는 흔한 미국 시트콤 같지만, 나 또한 이 상황에 대한 제대로 된 생각조차 하지 않고 일단 자전거 안장에 앉았어. 신기하게도 부러질 줄 알았던 안장은 잘 버텨주더라.

강변을 달리면서 서로에 대해 이야기했는데(자전거를 타기 전에는 서로 이름도 모르고 있었어), 자연스럽게 그가 암스테르담에 혼자 산다는 걸 알아냈어. 혼자 사는 내 또래의 남자면 날 집으로 초대하기에 가장 적합한 상황이잖아? 게다가 몸뚱이만 한 배낭을 멘 낯선 동양인을 자전거 뒤의 안장에 태울 정도면 얼마나 재밌는 사람이겠어. 그래서 그에게 오늘 날 집으로 초대하면 어떻겠느냐고 물었어. 아서는 만난 지 10분 만에 집으로 초대해 달라는 내 제안에 호탕하게 웃더니, "You're so crazy! Vamos(스페인어로 Let's go)!"를 외쳤어.

황당하지? 나조차 같이 아서의 집으로 가면서 믿기지 않았어. 자전거를 히치하이킹하고, 길에서 만난 사람에게 초대받는 상황이 말이야. 물론 기대하던 보트하우스는 포기했지만 아서의 집은 충분히 멋졌고, 그와 보낸 시간은 아주 즐겁고 편안했어.

혹시 인연에 대해서 어떻게 생각해? 난 인연은 단순히 찾아오는 건 아니라고 생각해. 우연과 노력(크고 작음과 상관없이)이 인연을 만든다고 생각하거든. 암스테르담에서 수백 명의 사람들을 지나쳤지만 아무도 인연이 되지 않았는데, 아서의 호기심이 인연을 만든 것처럼!

이 날 이후로 난 앞으로도 관심을 보이는 사람에게 적극적으로 먼저 다가가야겠다고 다짐했어(그리고 이때의 결심이 훗날 포르투갈의 포르투에서 빛을 발하지). 그들은 최소 다른 문화를 받아들일 준비가 어느 정도 되어 있는 사람이니까.

아서와의 만남은 우연이었지만, 마치 원래 인연인 것처럼 우리는 정말 통하는 게 많았어. 제일 신기했던 건 그가 일하는 직장이야. 나는 어릴 때부터 이메일이나 SNS 주소에 모두 에르메스^{Hermes}라는 단어를 사용해왔는데, 그의 직장이 에르메스였어! 에르메스는 명품 중의 명품이라고 불리는 패션명품 브랜드이자 그리스 신화에 나오는 여행의 신의 이름이야. 그리고 다른 이름으로는 머큐리. 수성의 영어 이름이기도 해. 난 그가 에르메스에서 일한다는 사실을 그를 페이스북 친구로 추가하면서 알았어. 내가 이 사실을 이야기하자 그도 내 아이디를 보며 신기해하더니 이것도 인연이라며 에

르메스의 작은 파우치를 나에게 선물로 주기까지 했어(뜻밖의 명품 선물이라니)!

그는 요리를 전혀 할 줄 몰라서 내가 요리를 잘하는 것에 몹시 만족스러워 했어. 만들어주는 요리마다 그는 정말 맛있게 먹었거든(내가 2인분을 5인분으로 만드는 솥뚜껑 손인데 만드는 족족 그걸 다 먹더라). 가끔 실패하기도 한 것 같았는데 한 번도 남기거나 맛있다는 표현을 안 한 적이 없었어(이건 단순히 아서가 착해서 그런 건가?).

타이밍 좋게도 함께 지내는 날 중 하루가 아서의 휴일과 겹쳤어. 덕분에 버킷리스트 한 가지를 이룰 수 있었는데, 바로 암스테르담

에서 자전거를 타고 현지인과 자전거 여행을 하는 거였어! 아서는 암스테르담에서 일하고 있지만 벨기에 출신이고, 잠시 일 때문에 암스테르담에서 지내는 중이었어. 그래서 항상 바쁘고 하루뿐인 휴일이라 보통 쉬다 보니 그도 암스테르담을 자세히 구경한 적이 없었지. 그래서 아서의 휴일에 함께 자전거를 타러 나갔어(그는 미래의 여자친구를 위해 자전거를 두 대나 가지고 있었어). 그의 가이드를 받으며 네덜란드의 상징 풍차도 구경하고, 이름 모를 큰 다리 위에서 암스테르담의 전경을 감상하다가 배가 고프면 마트에서 빵을 사서 운하에 누워 나눠먹었어. 점심을 먹고 나니 피곤함이 밀려와 부

둣가에 자전거를 세워두고, 따스한 햇볕 아래서 낮잠을 자는데 정말 현지인이 된 것 같더라. 그리고 이런 생각이 들었어.

'나, 지금 정말 내가 원하는 여행을 하고 있구나.'

여행을 떠나기 전에 내가 하고 싶었고, 정말 진심으로 바랐던 그런 여행을 하고 있는 내 모습을 볼 수 있었어.

매일 저녁에는 그의 집 앞에 있는 펍에서 맥주를 마시며 시간을 보냈어. 암스테르담하면 또 하이네켄(네덜란드의 대표 맥주)이 빠질 수 없으니까! 그런데 그는 술을 전혀 마시지 않아서 맥주 대신 항상 아이스 티를 마셨어. 그는 친구가 술 때문에 일어난 사고로 하늘나라에 간 이후로 술을 한 방울도 마시지 않는다고 했거든.

그가 술을 마시든 못 마시든 우리는 즐겁게 시간을 보냈어. 펍에서 포켓볼도 치고, 탁구도 치고, 사진도 찍고, 이런저런 이야기를 하면서! 하루는 매일 아이스 티만 마시는 그에게 미안해서 굳이 펍이 아니어도 좋다고 말을 했는데, 알고 보니 그는 꼭 와야 할 이유가 있었어. 펍에서 일하는 여직원을 좋아하고 있었거든!

아서는 참 운이 좋은 친구야. 내가 또 'International Cupid'거든. 아서의 이야기를 듣고 그를 도와주기로 마음을 먹었지. 말도 못 거는 그의 모습이 귀엽기도 하고, 안타깝기도 해서 내가 먼저 그 여직원에게 말을 걸었어. 그리고 자연스럽게 셋이 대화할 수 있도록 이어주었지, 그리고 잠시 화장실을 핑계로 자리를 비어주고 돌아오니, 아니 벌써 둘이 키스를……? 참 빠른 친구들…… 하하……. 아까까지만 해도 말도 못 걸던 사람 맞나? 아까 그 사람이 아닌 건가 싶을 정도였어. 어쨌든 나는 뿌듯하고, 그는 행복하고. 모두가 즐거운 암스테르담이었어.

100만 원으로 여행할 수 있는 꿀팁 13.

암스테르담은 도시가 작고 자전거 전용도로가 완벽하게 조성되어 있어 자전거 여행하기 최적의 도시야. 자전거는 기차역이나 버스 터미널 근처에서 쉽게 대여가 가능하고 대중교통에 비해 훨씬 저렴해. 특히 자전거의 가장 좋은 점은 암스테르담의 멋진 풍경을 원하는 속도로 감상하다가 언제든지 멈춰서 나만의 시간을 보낼 수 있다는 거야. 주의해야 할 점은 암스테르담에는 수천 대의 자전거가 있으니 도난과 분실을 조심해야해. 자전거를 어디다 두었는지 정확하게 기억하지 못하면 찾는 데 꽤 고생할 거야.

에피소드 14.
4유로가 준 교훈

| 여행 한 달째. 어느새 일곱 개의 나라, 열 개의 도시를 여행하면서 셀 수 없을 정도로 많은 사람을 만났어. 만나는 사람마다 진심으로 대화를 나누고, 그들이 가진 어떠한 의견이라도 이해하면서 여행을 해왔기에 난 사람을 쉽게 판단하지 않고, 편견이나 고정관념이 없는 사람이라고 생각했어. 하지만 네덜란드 암스테르담을 떠나 벨기에 브뤼셀로 이동하는 날, 이러한 내 어리석음을 크게 일깨워준 사람을 만났어.

상의를 입지 않은 몸에는 형형색색의 가득한 문신. 통이 넓고 체인이 잔뜩 달린 카고 바지. 테니스 코트처럼 반을 정확히 나눈 머리의 반은 삭발, 반은 길게 기른 금발 머리. 백인이지만 온 몸에 가득한 문신 때문에 잉크색이 더 피부색 같은 한 남자가 담배 가게에서

나와 나에게 걸어왔어. 약간 힘이 풀린 흐릿한 눈빛으로 날 바라보면서! 느릿느릿한 걸음으로 맞은 편 도로에서 무단횡단을 하고 있는 남자의 모습을 보고 난 속으로 외쳤어.

'제발 나에게 오는 게 아니길!'

하지만 그는 정확히 '나'를 향해 다가왔어. 그러고는 나에게 낮고 어눌한 목소리로 정확히 이렇게 말했어.

"Smoke?"

그가 날 바라보며 걸어오는 순간부터 긴장하기도 했는데 그의 물음에 약간 당황스러웠어. 어쨌든 난 흡연을 하지 않았고, 이 상황을 빨리 벗어나고 싶다는 마음에 "No"를 외치며 손사래를 쳤어. 그리고 갑자기 2년 전 리스본에서 만난 마약판매상(리스본 여행 중 마약판매상이 다가와 마약을 사겠냐고 물어본 일이 있었어)이 오버랩 되면서 더더욱 자리를 피하고 싶었어. 그는 내 거절에도 불구하고 거듭 "Smoke"를 외치며 손 안의 담배를 주려고 했어. 그럼에도 그가 바로 갈 것 같지 않아서 그에게 난 정중히 말했어.

"Sorry. I'm not a smoker."

단호한 내 한 마디에 그는 더 이상 권유하지도, 다른 말을 하지도 않고 길 반대편의 담배 가게로 다시 들어갔어. 하지만 얼마 지나지 않아 다시 그가 가게에서 나오더니 다시 무단횡단을 하면서 또 다가왔어. 솔직히 짜증이 조금 났어. 히치하이킹에 집중하기에도 바쁜데 피지도 않는 담배까지 권하는 게 싫었거든. 그리고 솔직히 조금은 겁도 났고. 그래서 이번에는 그가 또 담배나 혹은 마약 같은 것을 판매하려고 하면, 단호하게 거절하려고 마음의 준비를 하고 기다렸어. 역시 이번에도 그는 손에 쥔 것을 나에게 건넸어. 그리고 난 그에게 단호하게 말했어.

"I don't have money."

아까는 대답하니까 바로 돌아갔는데 이번에는 대답과 상관없이 그는 계속 무언가를 손에 쥔 채로 나에게 계속 받으라고 했어. 담배 아니면 마약 비슷한 거라는 생각에 안 받겠다고 했지만 막무가내인 그를 돌려보내려면 일단 받고 나중에 처리해야 할 것 같아서 물건을 받았어. 그런데 내 손바닥 위에 올라온 것은 담배도, 마약도 아닌 전혀 생각지도 못한 물건이었어.

2유로 동전 두 개.

손바닥 위에 올려진 4유로를 보고 순간 멍해졌어. '이게 뭐지?' 싶다가 갑자기 이해되기 시작하면서 물밀듯이 밀려오는 미안함과 창피함에 차마 얼굴을 들지 못했어. 그의 외모만 보고 함부로 그를 판단한 나 자신이 너무 창피해서 눈물이 날 것 같았어. 내가 한참을 멍하니 아무 말도 못하고 서 있는 동안, 그는 처음 내게 걸어온 것처럼 쿨하게 아무 말도 하지 않고 다시 담배 가게로 되돌아갔어. 뒤늦게 정신을 추스르고 그에게 큰 소리로 그에게 "Thank you so much!"를 외쳤어.

이제까지 아무런 표정도 짓지 않던 그는 가게에서 날 바라보며 처음으로 씨익하고 웃었어. 마치 영화의 한 씬^{Scene}을 마친 것처럼 그가 웃음 짓자마자 한 운전자가 창문을 열며 차를 세웠어. 차에 짐을 신고, 가게 속의 그를 향해 모자를 벗고 크게 허리 숙여 인사했어. 가게 안에서 담배를 피우며 날 바라보던 그는 엄지를 치켜세우며 인사에 답했어.

차를 타고 가면서 방금의 상황을 다시 생각하니 심장이 터질 듯이 뛰고, 속은 계속 메스꺼워서 토할 것 같았어. 나 자신이 위선자라는 생각이 들면서 역겨웠던 것 같아. 속이 조금 진정된 후, 자책하는 것을 멈추고 반성했어. 그리고 나 자신을 다시 돌아보게 되었어. 내가 얼마나 편협한 생각을 가지고 있었는지, 그리고 겉모습으로 사람을 판단하는 멍청이였는지…… 그리고 결심했어. 절대 두 번 다신 이러지 않겠다고. 그 어떤 편견도 갖지 않고 사람을 마주하겠다고.

100만 원으로 여행할 수 있는 꿀팁 14.

세상에서 가장 자유로운 도시라 불리는 암스테르담은 다른 나라에서는 불법인 많은 것이 합법이야. 대마초와 도박, 심지어 매춘까지 허용되는 나라다보니 다양한 것에 접근이 쉬워. 때문에 이러한 자유로움 속에서 '나'를 컨트롤 하는 것이 중요해. 즐거움을 찾아가는 걸 굳이 말리지는 않을게. 하지만 100만 원으로 아직 가야할 길이 많은 건 알지? 정말 가치 있는 곳에 아껴온 돈을 쓰지 않으면 며칠 만에 다시 귀국해야 할지도 몰라.

에피소드 15.
French Fries? No! Belgian Fries!

| 햄버거의 친구, 우리가 흔히 알고 있는 프렌치프라이 French Fries. 감자튀김! 이제껏 프렌치프라이로 알고 있던 감자튀김을 벨기에 브뤼셀의 워니스 Wannes를 만난 이후로 벨기안프라이 Belgian Fries로 바꿔 부르게 됐어.

아서와 함께 보낸 아름다운 암스테르담을 뒤로 하고, 다음 목적지인 벨기에 브뤼셀로 향했어. 네덜란드의 수도 암스테르담에서 벨기에의 수도 브뤼셀까지는 그리 멀지 않았고 히치하이킹도 수월해서 금방 갈 것 같았어. 실제로도 그리 힘들이지 않고 브뤼셀에 가까운 곳까지 도착했지. 고속도로 휴게소까지 태워준 여러 운전자들과 만나고 헤어지고를 반복하고, '브뤼셀로 가는 마지막 히치하이킹이 되겠지'라고 생각하며 휴게소 출구로 향했는데, 이미 한

프랑스 커플이 자리를 잡고 히치하이킹 중이었어. 역시 좋은 자리는 누군가 선점하고 있더라. 아쉽다는 생각보다는 반갑다는 생각에 그들에게 다가가 가볍게 인사도 하고 잠깐 이야기를 나눴는데, 나를 경쟁자로 의식했는지 커플의 반응이 좋지 않았어. 그래서 자리를 옮겨 입구보다 더 뒤쪽인 주차장으로 이동했어.

주차장에서 히치하이킹을 할 때 운전자에게 어디로 가는지 일일이 물어보는 방법은 효율적이지 않지만, 어떤 차가 브뤼셀로 나가는 차인지 알 수가 없어서 그냥 운전자들에게 물어보고 다녔어. 다행히 한 시간도 안 돼서 한 운전자가 브뤼셀까지 태워주겠다며 타라고 했어. 바로 워니스였지.

워니스는 브뤼셀에서 차로 한 시간 거리의 도시에서 친구들과 와이너리 투어를 하고, 파티를 즐길 예정이었어. 그래서 바쁘게 가는 길이었지. 그는 브뤼셀 근처에서 출발해서 방금까지 온 길을 다시 되돌아가야 하지만, 날 위해 다시 브뤼셀로 돌아가서 날 내려주고 다시 가겠다고 했어. 그는 출구에서 히치하이킹을 하고 있는 프랑스 커플을 보더니 나뿐만 아니라 그들까지 태워주었어. 휴게소에서 브뤼셀까지는 그리 멀지 않아서 브뤼셀 도시 표지판이 보이기 시작했어. 프랑스 커플은 브뤼셀 초입에서 내려달라고 해서 내려주었고, 나 또한 그냥 이쯤 내릴까 했는데 그는 내가 브뤼셀 중심부까지 간다는 걸 알고는 중심부까지 데려다 주겠다고 했어.

휴가를 떠나는 길인데다가 나 때문에 온 길을 되돌아가야하는 게 미안해서 가까운 곳에 내려달라고도 했는데, 그는 괜찮다며 브

뤼셀 중심부까지 태워주었어. 그는 가는 동안 자신의 여행 이야기를 하며 나에게 부담 갖지 말라고 했어. 그리고 그의 여행 이야기를 들을 수 있었어.

워니스는 여행을 좋아해서 유럽, 아시아, 오세아니아, 남미 등 다양한 나라를 여행했는데, 하루는 남미를 여행하면서 길도 잃고, 돈도 부족한 상황에 처했어. 그런데 그때 주변에 있던 현지인들이 워니스의 이야기를 듣고 아무런 대가도 바라지 않고 자신에게 음식을 사주고, 돈을 쥐어주고, 차를 태워주었다고 해. 그는 자신이 받은 것을 갚는 중이라며 브뤼셀까지 가는 내내 여행 이야기를 하며 즐거워했어.

브뤼셀 중심부에 도착해서 그와 작별인사를 하고 떠나려는데, 그가 혹시 밥을 먹었냐고 물었어. 당연히 아침부터 먹지 못한 것을 이야기하니까 자신과 함께 점심을 먹자고 했어. 괜찮다고 했지만 그는 자신의 단골가게를 데려가고 싶다며 함께 가자고 했지. 가는 길에 이런저런 이야기를 하다가 길가에 큰 감자튀김 모양의 모형을 발견하고 "French Fries"라고 말했어. 모형을 보고 신기해서 말했을 뿐인데, 그는 갑자기 정색하더니 "No, It's not French Fries, It's Belgian Fries!"라고 말했어. 그러더니 갑자기 빵이 아니라 벨기안 프라이를 먹으러 가야겠다고 말하며 발걸음을 다른 곳으로 돌렸어.

그가 데려간 곳은 트립어드바이저에 나오는 벨기안프라이로 가장 유명한 맛집이었어. 길게 줄을 선 다양한 국적의 사람들을 보고 솔직히 꽤 기대되더라. 포털사이트에 브뤼셀 감자튀김을 검색하니까 이 가게만 나오는 걸 보면 한국에서도 꽤 유명한 맛집인 것 같더라!

하지만 그 명성만큼 비싼 가격을 보고 부담돼서 감자튀김 하나를 나눠먹자고 말했는데, 그는 자신이 사는 거니 걱정 말라며 감자튀김과 스튜, 핫도그와 콜라까지 10유로가 넘는 세트를 두 개나 시켰어!

'감자튀김이 맛있어봐야 얼마나 맛있겠어?'라는 내 생각은 벨기안프라이를 먹고 난 이후로 '감자튀김이 입에서 녹을 수 있구나'

라는 생각으로 바뀌었어. 확실히 그가 자부한 만큼 벨기안프라이는 훌륭함 그 자체였거든. 특히 고기가 들어간 스튜에 감자튀김을 찍어먹는 벨기에 방식은 케첩에 먹는 것보다 훨씬 맛있고 포만감을 주었어. 그런데 너무 많은 양을 시켰는지 음식이 남았어(난 다 먹었지만 그는 아침을 먹고 왔는지 음식이 반도 줄어들지 않았어). 나에게 더 먹을 거냐고 물어보았는데 내가 괜찮다고 하자 그는 옆 테이블의 청년들에게 말을 걸더니 함께 먹자며 음식을 나누었어. 브뤼셀의 대학 룸메이트 사이라던 청년들은 원래 내 계획처럼 감자튀김 하나를 나누어 먹고 있었거든. 워니스의 제안에 그들은 반색하며 함께 벨기안프라이를 나누어 먹었어. 나누는 모든 행동에 자연스러움이 묻어나는 그를 보며 나누는 걸 진심으로 좋아하고 마음이 열려 있는 사람이라는 게 느껴졌어.

벨기안프라이를 다 먹고 일어서니 그를 만난 지 벌써 세 시간이나 지나 있었어. 그가 친구들과 와이너리 투어를 가는 길이라고 말한 게 생각나서 그에게 얼른 돌아가 봐야 하지 않냐고 물어봤지만 그는 친구들이 이미 만취해 숙소에서 다들 쉬고 있는 것 같다며 걱정 말라고 했어. 그러고는 브뤼셀 관광지를 구경시켜주겠다며 여기저기 날 데리고 돌아다녔어.

세계 3대 허무관광지로 불리는 Manneken pis(오줌싸개 소년 동상)에 데려다 주면서 많은 사람들이 소년 동상만 알고 있는데 사실 소녀 동상도 있다며 Jeanneke Pis(오줌싸개 소녀 동상)도 보여 주었어. 둘 다 허무하기로는 매한가지였는데(정말 딱 동상 하나만 있고 별 다른

게 없어) 허무해하는 내 표정을 본 그는 웃으면서 실은 소녀 동상 뒤의 수도원 맥주가게의 맥주가 아주 유명해서 여길 오려고 했다며 날 맥주가게로 이끌었어.

분홍 코끼리 간판이 인상적인 이 맥주 가게는 300여 종이 넘는 맥주를 판매하는 큰 맥주가게였어. 일 층에도 사람이 꽤 많았는데, 지하로 내려가니 마치 미국 서부 영화에 나오는 웨스턴 펍의 느낌이 강했어. 마치 권총을 왼쪽 허리춤에서 꺼내며 들어가야 할 것 같은 느낌이었지.

차를 타고 오면서 그는 브뤼셀에서 뭐가 가장 기대되냐고 물었

는데, 그때 내가 '호가든^{Hoeggaden}'맥주가 가장 기대된다고 했어. 초
콜릿도, 와플도 유명하지만 나에게 벨기에는 맥주가 가장 매력적
이었거든. 지나가듯 말한 그 이야기를 기억했는지 그는 한 잔에 무
려 10유로가 넘는 밀맥주 하나를 사서 내 손에 쥐어주더니 자신은
운전을 해야하므로 같이 마셔주지 못해서 미안하다며 남은 여행
잘 하길 바란다고 말하고 작별인사를 했어.

　휴가를 떠나다가 길을 되돌아 온 것만으로도 고마운데, 브뤼셀
관광을 시켜주고, 음식과 술을 사주더니 오히려 같이 시간을 보내
주지 못해 미안하다고 진심으로 사과를 하다니! 고맙고 미안한 건
나인데 말이야.

그가 떠나고 맥주를 한 모금 마셨는데, 그의 호의 때문에 하는 말이 아니라 진짜 이제껏 마셔본 맥주 중에서 최고의 맛이었어. 맥주 입맛이 까다롭지 않은 나지만 확실히 벨기에 수제맥주는 이제껏 유럽 내에서 마셔본 다른 맥주들과는 차원이 달랐어. 부드러운 거품부터 끝맛까지! 정말 완벽함 그 자체였어. 벨기에는 유럽의 금주령이 내려졌을 때, 수도원에서 몰래 맥주를 만들어서(대단한 술 사랑이야) 맥주 양조법을 수백 년 동안 이어왔기에 맥주 내공이 어마어마해. 그래서 벨기에 맥주는 맛있는 걸 넘어서 거의 예술작품이라는 평판이 자자하지.

유럽에는 맥주로 둘째가라면 서러운 나라들이 참 많아. 일단 맥주는 만드는 방식에 따라 독일식, 영국식으로 나누는데 그때문에 독일인과 영국인들은 맥주 자부심이 대단하지. 하이네켄으로 유명한 네덜란드도, 흑맥주로 유명한 체코도 있고! 하지만 유럽인에게 제일 맛있는 맥주를 물어보면 다들 이구동성으로 이렇게 말해.

"음……, 우리나라 맥주도 훌륭한데, 제일 맛있는 맥주는 벨기에 맥주지!"

혹여 맥주 마니아라면 꼭 한번 벨기에를 들리길 바랄게. 정말 좋은 맥주를 마셔 보고 싶거든 벨기에로 와!

지금도 감자튀김을 먹을 때면 워니스가 떠올라. 그리고 항상 친구들에게 이야기해. 프렌치프라이말고, 벨기안프라이!

100만 원으로 여행할 수 있는 꿀팁 15.

소매치기나 강도 이야기, 많이 들어봤지? 아무리 여행을 잘해도 이런 나쁜 사람을 만나면 모든 게 허무하고, 여행이 싫어지기까지 해. 그렇기에 미리 수법을 알고 있으면 좋겠지? 소매치는 보통 세 가지가 많아.

첫 번째, 사람이 많은 곳에서 주머니와 가방을 노리는 방법! 이건 항상 주의하는 게 가장 중요한데 예방책으로 자물쇠와 옷핀으로 열기 어렵게 한다면 좀 더 안전하게 지킬 수 있어.

두 번째, 길거리 서명운동이나 길을 묻는 척하며 다가오는 경우! 이런 경우 혼자보다는 두 명 이상이 접근해. 이럴 땐 일단 소지품을 꼭 쥐고 멀리 떨어지는 게 가장 좋아. 아시아인에게 유럽인이 길을 묻는 건 누가 봐도 이상하잖아?

세 번째, 도움을 주는 척하며 소지품을 훔치는 경우! 케찹이나 아이스크림 등 오물을 투척하고 닦아주는 척하며 물건을 훔쳐가는 경우도 있어. 이럴 땐 괜찮다고 말하고 되도록 그 자리가 아닌 다른 곳에서 닦아내는 게 좋아. 그리고 사진을 찍어주겠다고 하고 카메라나 핸드폰을 들고 도망가는 경우도 있으니 부부나 한국인에게(사진은 역시 한국인!) 부탁하는 게 좋아!

그 외에도 환전사기, 팔찌 채우고 강매하기, 사진 찍고 금전 요구하기, 날치기, 가짜 티켓 판매 등이 있는데 조금만 주의하면 당하지 않으니까 항상 조심해!

에피소드 16.
누디스트와 함께한 발가벗는 문화체험

Nudist: [명사] 나체주의자(알몸으로 생활하는 것이 더 자연스럽고 건강에

도 더 좋다는 믿음으로 옷을 벗고 사는 사람).

우선 난 누디스트가 아니야. 더운 여름엔 가끔 속옷만 입고 지내기
는 하지만 손님이 오거나 집에 누군가와 함께 있을 때는 항상 옷을
입고 지내지. 그리고 한국에서 누디즘^{Nudism}에 관심이 있는 사람을
이제껏 본 적이 없었기에 누디스트 안드레^{Andre}와의 만남은 신선한
충격이었어.

워니스가 데려다 준 펍에서 와이파이를 이용해 호스트를 찾는
중, 메시지를 먼저 보내지도 않았는데 안드레로부터 초대장을 받
았어. 안드레는 Last Request Brussels에 올린 내 글을 보고 나에게

초대장을 보낸 거였어. 이미 안드레는 150명이 넘는 여행자를 자신의 집에 초대한 브뤼셀의 유명 호스트였기에 마음 편히 그의 초대에 응하고 그가 보내준 주소를 따라 집으로 향했어. 그의 집은 펍에서 8킬로미터 정도 떨어진 곳이었는데 절반이 오르막길이어서 가는 길이 꽤 고됐어. 하지만 새로운 사람과의 만남은 항상 신나고 즐거운 일이라는 생각에 발걸음은 가벼웠지!

안드레의 프로필에서 'Nudist'라는 단어를 이미 보았는데, 레퍼런스가 100개가 넘고 나쁜 내용은커녕 다들 긍정적인 내용으로 그를 칭찬한 걸 보고 가기로 마음먹었어. 그리고 궁금했거든. 누디즘이라는 문화는 어떤 것인지, 그는 어떤 이유로 누디즘을 시작했는지 등등! 한국에서는 누디스트를 만나볼 기회가 없었는데, 새로운 문화를 경험한다는 생각에 들떴어! 물론 긴장이 많이 되기도 했지.

궁금증이 가득하긴 했지만 문을 열어준 안드레가 정말 실오라기 하나 걸치지 않은 모습이어서 당황스럽긴 했어. 보통 호스트와 처음 만나면 악수보다 포옹을 선호하는 편인데 뭔가가(?) 닿을 것 같아서 악수로 대신했어.

그의 집에 도착했을 때는 이미 해는 지고 저녁 열한 시가 넘은 시각이었어. 워니스 덕분에 벨기안프라이와 맥주로 충분히 배를 채웠지만 안드레의 집에 도착했을 때는 허기가 졌어(음식을 먹은 지 다섯 시간이 넘었거든). 안드레가 안내해준 게스트 방에 짐을 풀고 나니, 그는 같이 저녁을 먹겠냐고 물어봤어. 나야 당연히 좋았지! 자정에 가까운 시간이라서 가벼운 음식이겠거니 했는데, 근사한 요리가

준비되어 있었어! 그는 늦은 시간에 도착한 내가 혹시 저녁식사를 하지 않았을까 생각해서 음식을 만들었다고 했어. 내가 매우 미안해하니까 그는 자신의 취미가 요리라면서 음식 만드는 걸 좋아하니 너무 부담 갖지 말라고까지 말하며 분위기를 편하게 만들어 주었어.

요리가 취미라고 말한 그의 음식 솜씨는 역대 최고였어. 플레이팅까지 완벽한 그의 음식 실력에 놀랐는데, 그 맛 또한 최고였어. 자신이 금융사에서 일한다고 말하지 않았더라면 난 그가 호텔에서 셰프로 일한다고 생각했을 거야.

그의 놀라운 점은 요리만이 아니었어. 사전에 알고 있던 그의 정보는 누디스트라는 것뿐이었는데, 그는 게이(!)이고, 남자 룸메이트가 있다고 했어(프로필에 적혀 있는데 상세히 읽지 않았었어). 새로운 정보를 듣고 약간 놀랐더니 그는 자기가 룸메이트와 함께 자긴 하지만 "우린 섹스는 안 하니까 걱정 마!"라고 말하며, 내 방에는 들어올 일이 없으니 걱정 말라고 장난스럽게 이야기했어. 사실 첫 인상부터 그의 자상한 이미지에 이미 안심하고 있었어(이게 더 위험한 생각인가?). 그래서 딱히 걱정은 없었지!

근사한 요리에 좋은 와인과 맥주까지! 거기에 즐거운 이야기가 빠질 수 없잖아? 그래서 우리는 늦은 밤인데도 불구하고 수다를 떠느라 시간가는 줄 몰랐어. 대화 주제가 점점 다양해지고 사적인 이야기도 많이 나누다 그를 만나기 전부터 궁금해 하던 것들을 조심스럽게 물어보았어. 어떻게 누디즘을 접하게 되었는지, 왜 시작하게 되었는지, 그로 인한 불편함이나 삶의 변화가 있는지 등등. 난 그가 누디즘을 시작한 어떠한 계기나 특별한 일이 있으리라 예상했고 그게 무엇인지 궁금했거든. 그런데 놀랍게도 그는 딱히 누디즘을 하게 된 큰 이유나 사건은 없다고 답했어. 그냥 언제인지는 잘 기억이 나지 않지만 옷을 입지 않음으로서 편안함을 느꼈고, 그러면서 자연스럽게 누디스트가 되었대. 불편함도 딱히 없다고 했어. 외출할 때는 항상 옷을 모두 갖춰 입고 자신의 공간에서만 누디스트가 되기에 남에게 피해를 주는 일도, 자신이 불편함을 겪는 일도 없었지. 내가 봐도 그의 생활은 다른 사람들과 그리 다르지 않아 보였어. 밤낮 없이 항상 집에 커튼이 쳐져 있다는 것만 다른 정도?

안드레를 만나기 전에는 곧 특별한 문화체험을 할 거라 생각했는데 전혀 그렇지 않았어. 특별한 것은 누디즘의 문화가 아니라 안드레의 생각이었어.

실은 누디스트에게 초대를 받은 건 이번이 처음이 아니었거든. 오스트리아 빈에서도 누디스트인 호스트에게 초대받은 적이 있었고, 독일 드레스덴에서도 초대를 받았었어. 빈에서는 당일에 일이 생겨서 다른 나라로 가야 한다고 해서(놀랍게도!) 만나지 못한 거였지만 드레스덴의 경우는 좀 달랐어. 자신이 누디스트이기 때문에 게스트 또한 옷을 벗고 생활해야 한다고 했는데, 처음 만나는 사람 앞에서 나체가 된다는 건 아무리 동성 앞이라도 꺼려지는 일이라 원치 않아서 정중히 거절했었어. 하지만 안드레는 자신의 생각이나 사상을 타인에게 강요하지 않았어. 자신이 누디스트라고 초대받은 손님까지 그럴 필요는 없다고 했지. 안드레는 게스트가 자신의 누디즘을 존중하는 것처럼 자신 또한 타인이 누디즘이 아닌 것을 존중한다고 했어. 자신의 소신을 이야기하며 오히려 그는 게스트가 실망을 주는 경우는 그런 게 아니라고 했어.

2009년부터 카우치서핑을 시작한 안드레는 150명이 넘는 게스트를 초대했어. 그는 일 때문에 바빠서 아침 일찍 출근하고 저녁 늦게 퇴근하지만 항상 시간을 내서 게스트에게 저녁식사를 차려주고 문화와 여행 이야기를 하는 것을 좋아했어. 카우치서핑 덕분에 바쁜 일상 속에서 많은 나라를 집에서 여행할 수 있게 된 걸 행복해했어. 하지만 인터넷이 발달하고 스마트폰이 보급되면서 저녁 식사 내내 대화에 집중하지 못하는 게스트가 많아졌다며 안타까워했어. 저녁식사는 길지 않아. 겨우 30분에서 한 시간 정도인 걸! 나 같은 수다쟁이를 만나면 세네 시간씩 길어지긴 하지만 보통은 30분 정도라고 했어. 특히 젊은 아시아인은 핸드폰을 하느라 방에서 나오지 않는 경우도 많고, 함께 저녁식사를 해도 핸드폰만 보는 경우가 많다고 했어. 그래서 그는 솔직히 조금 걱정을 하긴 했다고 해. 다행히 난 연락할 친구가 없는, 인생 혼자 사는 불쌍한 영혼이어서 식사시간에 굳이 핸드폰을 가지고 가봐야 쓸모가 없어서 방에 항상 두고 다녔는데 그는 이런 내 모습에 많이 놀랐다고 했어. 당연한 식사 예절일 뿐이었는데 그는 나와 함께하는 시간이 즐겁다고 말하더니, 2일 후에 다른 게스트가 오지만 나에게 지내고 싶은 만큼 더 지내고 가라고 했어!

그가 날 존중하고 편하게 대했기 때문에 다음 날부터 더운 날씨에 속옷만 입고 돌아다닐 수 있을 정도로 자유롭게 지낼 수 있었어. 아마도 그가 누디즘을 강요하거나, 옷을 입은 내 모습에 눈치를 줬더라면 오히려 더 옷을 차려 입고 지냈을 거야. 하지만 자신의 가치나 신념은 지키면서 타인의 그것도 같이 존중하는 그의 모습 덕분에 누디즘에 대한 좋은 인식도 생기고, 나 또한 즐거운 시간이 될 수 있었어.

브뤼셀에서 보낸 안드레와의 시간은 '다름'을 대하는 아주 좋은 방법을 배울 수 있는 시간이었어. 브뤼셀은 다른 도시에 비해 볼거리가 풍부한 곳은 아니었지만, 안드레와 보낸 시간 덕분에 항상 잊지 못할 좋은 도시로 기억해!

100만 원으로 여행할 수 있는 꿀팁 16.

도시에 도착한 당일에 호스트를 구하는 건 쉽지 않은 일이야. 그래서 많은 사람들이 여행 2~3주 혹은 그보다 더 일찍 미리 호스트와 연락해서 날짜를 정해놓는 경우가 많아. 하지만 만약 여행지에 도착한 이후에 급하게 호스트를 구해야 한다면 카우치서핑에서 Emergency 혹은 Last Request 그룹을 찾아봐! 안드레는 내가 Last Request Brussels 그룹에 올려놓은 글을 보고 먼저 연락한 최초의 호스트야. Last Request 혹은 Emergency Request를 검색어로 지정하고 그룹 게시판에 간단하게 육하원칙으로 호스트를 구하는 글을 올리면 널 도와주는 호스트를 만날 수 있을 거야!

에피소드 17.
난민은 남의 일이라고 생각했는데

　평소에는 전혀 집이 위험하다고 느끼지 못하다가도 집에 아기가 태어나면 엄마들의 눈에는 집이 파이널데스티네이션처럼 온통 위험한 것 투성이로 보이고 '왜 이렇게 집에는 위험한 곳이 많을까?'라는 생각을 많이 한다고 해. 평소에는 생각도 없이 보던 싱크대나 의자 같은 것들이 날카롭고 뾰족해 보이고, 손가락이나 젓가락이 들어갈 만큼 작은 구멍은 왜 이리 많은지……. 다양한 위험이 눈에 보이기 시작하지.

　한국을 떠나 잘 곳을 정하지 않고 여행하면서, 나 또한 기존에 생각하지 못한 부분을 다시 한 번 생각해 볼 수 있는 일이 있었어. 바로 '난민'에 관해서.

　벨기에 브뤼셀을 떠나 프랑스 파리에 도착한 후, 잘 곳을 구하는

건 생각보다 쉬웠어. 브뤼셀에서 파리로 떠나기 전, 안드레는 파리에서 카우치서핑으로 호스트 구하기는 하늘의 별따기라고 했어. 게다가 나처럼 당일에 호스트를 구하는 것은 불가능에 가깝다고 했지. 순간순간을 즐기는 게 더 중요했기에 파리에서의 잘 걱정은 파리에 가서 하기로 했는데, 그 선택은 옳았어. 파리에 도착하니 운 좋게도 네 명의 호스트가 나에게 초대장을 보냈고, 그중 한 명의 호스트의 집은 너무 멀어 갈 수 없어서 다음을 기약하고(지하철을 타지 않으면 50킬로미터 이상을 걸어야 했어. 여긴 거의 다른 도시 아닌가……). 나머지 세 호스트의 집에서 각각 하루, 이틀, 3일씩 시간을 보내기로

했어.

　파리에 도착한 첫날은 평범한 직장에 다니는 로익^{Loic}의 집에 초대받았어. 로익은 다음 날 여행을 갈 예정이었는데, 갑자기 나의 초대 메시지를 받고 내 여행 이야기가 궁금해서 초대했다고 해. 하지만 저녁에 만나기도 했고 아침 일찍 출근하는 로익의 일정 때문에 많은 추억을 나누지는 못했어. 하지만 그와 함께 공원을 산책하고 피자를 먹으며 파리지앵 일일체험을 할 수 있었지. 짧은 시간이 아쉬웠지만 다음 날 로익과 함께 집을 나와서 전철역 앞에서 인사를 하고 구글 지도를 이용해 다음 호스트와의 미팅장소로 이동했어. 길을 조금 돌아가야 했지만 근처에 센 강이 있어서 강변을 따라 걸기로 마음먹고 움직였는데, 가까워질수록 강이 아닌 다른 게 더 눈에 들어왔어.

수백, 아니 수천 명은 되어 보이는 수많은 난민이 강변을 따라 마을을 형성하고 생활하는 모습이었어. 여행을 떠나기 전, 시리아공화국 내전 때문에 자국을 떠나 난민 생활을 하는 시리아인들이 있다는 이야기를 들었지만, 수많은 난민과 그들이 생활하는 모습을 직접 보니 그 안타까운 모습이 피부에 와 닿더라.

내가 본 것은 TV에서처럼 굶주림에 잘 걷지도 못하는 아이나 배고픔과 두려움에 제대로 서지도 못하는 모습이 아니었어. 강변을 따라 늘어선 수백 개의 텐트와 침낭, 어른 아이 할 것 없이 도로 한복판에 있는 물로 씻고 마시며 분주히 생활하는 모습이었지. 오히려 살기 위해 더욱 분주히 그리고 열심히 움직이는 그들의 모습은 오히려 더 충격적이었고 그 모습에 마음이 아팠어. 하루 생존이 절실한 사람들을 바라보니 전쟁의 무서움이 크게 느껴졌고, 삶의 터전을 잃은 국민의 비참한 생활을 대한민국에 빗대어 생각해보니 비단 남의 일로만 느껴지지 않았어. 게다가 우린 전쟁을 겪은 세계 유일한 분단국가잖아? 만약 대한민국에서 전쟁이 일어나서 사랑하는 사람들이 나라와 집을 잃고 다른 나라에서 살아야 한다면 얼마나 마음이 아프고 고통스러울까?

시리아 난민 수용에 대한 다양한 찬반의견이 있지. 물론 양측의 의견 모두 타당하다고 생각해. 한 쪽은 그들의 상황이 너무나도 안타깝고 불쌍하다는 입장이고, 다른 한 쪽은 정책적으로 어떻게 하느냐에 따라 나라에 큰 위험이 생길 수 있기에 신중해야 한다고 하지. 두 입장 모두 옳은 주장이야. 하지만 그에 앞서 '내가 만약 대한민국 난민이 되어 다시 내 나라로 돌아갈 수 없는 상황이 된다면 어떨까?'라는 생각을 한 번쯤 해보았으면 해. 무조건 '난민을 수용해야 한다'고 말하고 싶은 게 아니야. 오히려 더욱 신중해야 한다고 생각하는 편이지. 하지만 정책적으로 무언가를 바꿔야 한다거나 그들에게 무엇을 해줄 수 있을지 고민할 때, 이해관계나 이익을 따져 섣불리 어떤 결정을 하기 전에 고통 받고 힘들어하는 그들의 심정을 이해하려고 노력하고, 그들이 처한 상황을 한 번 더 생각하고 신중히 결정한다면 훗날 후회하지 않을 옳은 선택을 하지 않을까?

100만 원으로 여행할 수 있는 꿀팁 17.

무전여행 혹은 소전여행을 하면서 유독 몹시 힘든 날이 찾아 올 수 있어. 가는 길이 너무 힘들고 고되어 주변의 좋은 것이 눈에 들어오지 않을 정도로 말이야. 그럴 땐 잠시 길을 멈추고 '난 왜 이렇게 힘든 여행을 하는가?'를 다시 한 번 생각해 봐. 난 '현지인과 진정한 소통'을 하고 싶어서 떠났어. 떠날 때의 그 마음을 다시 생각하니까 호스텔의 편리함보다 현지인 집의 초대가, 기차나 버스보다 현지인의 차가 더 가치 있게 느껴져 다시 힘내서 여행을 잘 마무리 할 수 있었어.

에피소드 18.
카우치서핑 절대 고수가
나를 초대한 이유

|590개가 넘는 레퍼런스(후기).
전 세계 100개 나라 이상의 사람들과의 만남. 파스칼^{Pascal}은 프랑스 파리에서 오래된 카우치서핑 고수로 유명한 사람이야. 여행을 통틀어 내가 만난 카우치서핑 호스트들 중 단연 가장 많은 게스트를 만난 사람이기도 하고! 이렇게 유명한 사람인데다가 세계 3대 여행지 중 하나인 프랑스 파리의 중심지에서 지내기에 그는 하루에도 각국의 여행자로부터 수백 개의 초대요청 메시지를 받아. 한 달 전에 요청을 해도 그의 초대를 받기 어렵다고 하는데, 난 당일에 요청을 보냈으니 더욱 그와 만나기는 어려운 상황이었어. 그는 이러한 상황을 자신의 프로필 첫 문장에 적어 놓았어.

I can't accept guests at the last minute because Paris is very

much requested and my couch is booked in advance,

as I host frequently.

(나는 게스트를 자주 초대하기에 당일 연락을 하는 게스트를 초대할 수 없습니다.
파리는 많은 요청이 들어오므로 사전에 미리 연락하길 바랍니다.)

난 다른 여행자와 달리 대부분 여행지에 도착한 후에 호스트를 찾는 편이었기에 그의 집에서 자는 건 어렵다고 생각했어. 하지만 불가능하다고 생각하지도 않았지. 어려운 것과 불가능한 건 다르니까.

안될 건 없다는 마음으로 그에게 보낸 메시지가 그의 룰을 깨뜨렸어. 어떻게 했냐고? 프로필에서 본 그의 집 사진에는 거실 가득히 책이 꽂혀있었어. 그는 혼자 산다고 했고, 그 많은 책은 그가 책을 좋아한다는 증거였지. 그래서 이렇게 메시지를 보냈어.

안녕! 난 한국에서 온 대학생이야. 난 여행기를 쓰며 1000유로로 100일 동안 여행 중이야. 현재까지 히치하이킹과 카우치서핑 혹은 길에서 사람들에게 재워줄 수 있냐고 물어보며 이제껏 많은 나라와 도시를 여행했어(부다페스트부터 파리까지 히치하이킹으로만 왔다니까!). 그리고 여행에서 겪은 일을 책으로 만들어 많은 사람들에게 내 여행 이야기를 해주고 싶어. 혹시 관심이 있으면 내 이야기를 들어 볼래? 신나는 내 이야기를 들을 수

있는 기회를 줄게!

메시지 컨셉은 약간은 당돌하게, 그리고 호기심을 자극하도록. 그는 확실히 책에 관심이 있고, 내 여행 이야기에 흥미를 보일거라 생각했기에 그의 룰을 깰 수 있을지도 모른다고 생각하고 메시지를 보냈어(까다로운 독자인 널 사로잡았잖아! 지금 네가 이 책을 읽고 있는 것처럼 말이야). 메시지를 받은 그는 일단 날 만나길 원했어. 일단 그의 흥미를 이끌어 내는 데 성공했지!

솔직히 만나기만 하면 그의 집에 초대를 받을 수 있을 거라 확신했어. 이제까지 많은 경험이 쌓여서 대화를 통해 사람들이 날 더 궁금하게 만드는 스킬이 늘었거든! 그리고 자신 있었어. 내 여행 이야기는 내가 봐도 신나고 재밌으니까!

지금까지만 해도 누디스트도 만났지, 비건을 넘어선 자연인과 함께 생활했지, 두바이 부자에게도 초대받았지, 동유럽인 헝가리 부다페스트부터 서유럽인 프랑스 파리까지 히치하이킹으로만 왔지……. 구미가 당길 만한 이야기는 넘치도록 많이 가지고 있다고 자부했어.

파스칼은 디자인 회사의 사장으로 일하고 있었는데 그는 회사를 미팅장소로 정하고 초대했어. 내가 점심 시간이 좀 지난 시간에 파리에 도착해서 그가 회사를 비울 수 없었거든. 한 시간 동안 그와 대화하면서 책 이야기부터 여행 이야기까지 다양한 이야기를 했고, 내가 자신 있게 말한 것처럼 이야기가 끝나고 그는 날 자신의 집

에 초대해줬어. 자신의 집에는 이미 '엘살바도르'에서 오기로 한 게스트가 있었는데도 불구하고 말이야! 그래서 일단은 로익의 집에서 하루 묵기로 하고, 나머지 이틀은 파스칼의 집에서 보내기로 했어. 그렇게 엘살바도르에서 온 에두알도Edualdo와 함께 파스칼의 집에서 이틀 동안 함께 지낼 수 있었지.

그의 집에는 내가 사진으로 본 것과는 비교도 안 될 정도로 수많은 책이 있었어. 거의 도서관 수준으로! 게다가 CD도 수천 장이나 있는 게 흡사 박물관 같았어. 수많은 책과 CD가 말해주듯 파스칼은 다양한 분야에 대한 훌륭한 지식을 가지고 있었어. 그와 영화이

야기를 하는데, 그는 얼마 전 한국 영화 〈Stranger〉를 아주 인상 깊게 봤다고 했어. 스트레인저? 처음 들어보는 영화 제목이었는데 그가 보여준 포스터를 보고 〈곡성〉이라는 걸 알았어. 나 또한 〈곡성〉을 재미있게 보았기도 했고 유튜브에서 본 새로운 영화해석이 생각나서 그에게 설명해주었어. 〈곡성〉의 모든 이야기는 독버섯을 먹은 돼지고기에서 생겨난 해프닝이라는 새로운 해석을 듣고 그는 몹시 놀라워했어. 한국영화의 치밀한 연출에 영화 자부심이 강한 프랑스인도 혀를 내둘렀다니까! 이렇게 우리는 영화, 음악, 책 등 서로의 문화에 대한 새로운 시선으로 해석하는 걸 즐기다 밤이 늦

어서야 잠에 들었어. 대화를 얼마나 깊게 했는지 저녁 일곱 시에 시작한 대화가 새벽 세 시가 넘어서가 끝났을 정도였어!

파스칼은 자신이 채식주의자라 채식 위주의 요리만 하는데 괜찮냐고 물었어. 그럼! 당연히 괜찮지. 비건도 괜찮은걸! 프랑크푸르트에서 자연인처럼 생활한 이야기를 들려주니 그는 엄청 웃으며 자기는 그렇게 심하지 않고 요리하기를 좋아한다며 콩도 들어간 (무려 단백질!) 요리를 만들어 주었어.

파스칼과 시간을 보내면서 좋은 사람을 혼자 아는 것과 멋진 요리를 타인과 나누어 먹지 못하는 것이 무척 아쉬워 파스칼에게 파리에 두 달간 살고 있는 친구를 초대하고 싶다고 말했어. 그는 반색하며 게스트의 게스트를 초대했지. 그렇게 내 친구 강원이는 손님의 손님으로 초대받았어(자기 집에 초대받아온 게스트가 다른 게스트를 초대한 적은 처음이라고 하더라). 덕분에 이 날 파스칼도, 엘살바도르에서 온 에두알도도, 그리고 강원이도 함께 각자의 여행과 문화를 이야기하며 즐거운 저녁식사를 했어. 저녁식사를 마치고 함께 몽마르트 언덕을 오르며 파리의 야경을 보기도 하고(현지인과 함께 오른 몽마르트 언덕에서는 실팔찌를 채워주고 10유로를 요구한다는 무서운 흑형들도 마주치지 않는다는 큰 장점이 있어!).

'막상 부딪혀보기 전까지는 어떻게 될지는 아무도 알 수 없다. 그러니 걱정할 필요도, 두려워할 필요도 없다.'

이번 파리여행에서 배운 거야. 그 어렵다던 파리에서의 카우치 서핑도 당일에 네 사람에게서 초대를 받았고, 당일 초대는 절대 안

된다던 파스칼의 마음도 움직였잖아? 사람의 마음을 움직이는 것은 그리 어렵지 않아. 사람의 마음을 얻는 것도 전략을 짜 봐(연애랑 비슷하지?)! 그리고 설령 안 되면 어때? 잃을 게 없잖아(이것도 연애랑 비슷하지?)! 그러니 용기를 조금 가지고, 마음을 움직여 봐! 물론, 너 또한 마음을 열어야 다른 사람도 너에게 마음을 열 수 있는 건 알지(연애상담 같다. 그치)?

100만 원으로 여행할 수 있는 꿀팁 18.

카우치서핑에서 레퍼런스(후기)가 많을수록 많은 사람들이 호스트를 만났다는 뜻이니까 좋은 호스트일 가능성이 높아. 그리고 대부분 후기도 좋은 편이고! 하지만 그만큼 게스트 간의 경쟁도 치열해. 1년치 일정이 꽉 찬 호스트도 있는걸. 그렇다고 기회가 없는 건 아니야. 'Meet up'으로 가볍게 만나서 이야기하면서 자연스럽게 친해진다면 너의 매력에 빠져 호스트가 초대하지 않을 수 없을 거야. 그러니 우선은 만나 봐! 너와의 대화가 즐겁다면 호스트가 오늘 밤 네 침낭을 펼 자리 정도는 마련해줄지도 모르잖아?

에피소드 19.
프리해도 너무 프리한 거 아니야?

| 혹시 프랑스어 할 줄 알아? 영어도 제대로 할 줄 모르는 나에게 아직 프랑스어는 무리야. 그런데 스위스 제네바에서 만난 데미안^{Damien}은 영어로 보낸 내 카우치서핑 메시지에 프랑스어로 답장을 보냈어. 그것도 꽤 긴 장문의 답장을 프랑스어로! 신기하게도 내용은 자신의 집에 초대한다는 의미였어. 실은 프랑스어를 해석해서 안 게 아니라, 카우치서핑은 호스트가 초대를 원해서 'Accept' 버튼을 누르면 나에게 자동으로 알림을 보내주니까 알게 된 거야.

어쨌든 초대를 해줬으니 찾아가야겠지? 데미안이 보내준 집 주소를 입력하고 구글 지도를 따라가는데 가는 길이 온통 논과 밭에다가 말을 타고 다니는 사람이 있을 정도로 시골이었어. 관광용 말

이 아니라 진짜 차량용 말! 제네바가 시골인 건지, 아니면 도심에
서 멀어져서 그런 건지, 가면 갈수록 시골 느낌이 강하게 들었어.

　가뜩이나 미심쩍은 풍경인데 적어준 주소에 도착하니까 집이
아니라 왠 자동차 수리점이 나왔어. 2층 건물이었는데, 폐 건물 같
은 느낌 때문에 여기가 아닌가 싶다가도 주변에 이 가게를 제외하
면 건물이 없으니 의심할 여지가 없었어. 도무지 건물의 입구도 어
딘지 모르겠고, 사람이 사는 건물인지부터 의심스러웠어. 건물을
빙글빙글 돌면서 입구를 찾으며 데미안의 이름을 큰 소리로 외쳤
지만 그는 나오지 않았어. 결국 포기하고 어떻게 해야 하나 싶어서

집 앞 잔디에 주저앉아 있는데, 갑자기 누군가 벽을 밀고 나왔어. 순간 눈을 의심했지. 알고 보니 벽이 아니라 그게 문이었어. 2차 세계 대전 때 독일군의 습격을 피하려고 건물 입구를 벽처럼 위장한 게 아닐까 싶을 정도로 문과 벽의 경계가 없이 식물로 뒤덮여 있고 전혀 손질이 되어 있지 않았어. 덕분에 난 건물의 입구 바로 앞에서도 문을 못 찾고 있었던 거지. 다행히도 데미안이 차에서 물건을 가지러 나오다가(내가 온다는 사실은 까맣게 잊고. 나 때문에 나온 게 아니었어) 입구에 앉아 있는 나와 마주쳤어. 운이 좋았지 뭐. 집 앞까지 왔다가 입구를 못 찾아서 다른 데로 갈 뻔했지만 결국 잘됐잖아?

데미안을 만났을 때 딱 한 가지가 머릿속을 스쳐 지나갔어.

'아! 여긴 뭔가 다르다.'

문을 열자마자 흘러나오는 진한 향기! 날 바라보는 데미안의 흐릿한 눈빛까지. 우선 냄새는 일반적인 담배 냄새가 아니었어. 일단 그 정체는 잘 몰랐지만 확실한 한 가지는 술 냄새였지. 데미안은 꽤 많이 마신 듯 보였지만 전혀 비틀거리지도 않았고, 말을 할 때도 전혀 취한 사람 같지 않았어. 하지만 그의 눈빛에서 뭔가 '다름'을 느낄 수 있었지.

거실에는 이미 세 명의 남자들이 자유롭게 앉아 대형 스크린으로 영화를 보고(유럽에서 참 많이 보는 대형스크린. 이제는 좀 익숙하지?) 비디오 게임을 하고 있었어. 데미안의 집에서 가장 놀라웠던 건 거의 바^{Bar}라고 봐도 무방할 정도로 집 안을 가득 채운 술이었어.

'이 얼마나 멋진 곳인가, 여기는 천국인가?'

집에 있는 술을 한 잔씩만 마셔도 천국에 갈 수 있겠다고 생각할 정도로 많은 술을 보며 빨리 이들과 함께 술잔을 기울이고 싶었어. 정말 맛있기로 유명한 술이 꽤 보였거든. 데미안은 내가 지낼 방을 안내해주고는 내가 가장 듣고 싶던 말을 하며 와인을 한 잔 따라주었어.

"여기 있는 술은 네 마음대로 마셔도 좋아. 편하게 꺼내 마셔!"

Are you ready? 데미안을 만나기 전까지 여행을 하면서 단 한 번도 취하도록 마셔본 적이 없었는데 이 날은 혼자서 와인을 두 병 넘게 마셨어. 겨우 와인 두 병뿐이냐고? 와인, 위스키, 데킬라, 럼, 보

드카 등등 셀 수 없이 많은 종류의 술을 포함한 와인 두 병! 결국 나중엔 걸어 다니는 술병이 되었다지. 다들 술에 잔뜩 취해서 우스갯소리도 하고 19금을 넘어서서 29금 이야기를 하며 웃고 떠들었는데 알고 보니 이 친구들, 데미안을 제외하면 다들 게스트였어. 최소 데미안과 5년은 넘게 알고 지낸 친구들인줄 알았는데! 다들 속옷만 입고 비디오 게임을 하면서 자연스럽게 술을 꺼내서 마시는 모습을 보고 어떻게 처음 만난 사이라고 생각이 들겠어! 더욱 신기한 건 어느새 내 손에도 한 손에는 엑스박스X-box 게임기가, 다른 한 손에는 위스키가 가득 담긴 잔을 들고 있더라.

한 손으로 게임 하랴, 한 손으로 술 마시랴, 바쁜 와중에 어떤 진한 향기가 나기 시작했어. 아까 처음 집 문을 열었을 때의 진한 향기! 하얀 비닐 봉지 안에서 나오는 그 강한 향기에 내가 뭐냐고 물어보니 데미안은 대답 대신 "want?"라는 짧은 말로 권했어. 호기심이 발동하긴 했지만 내가 먹는 거에 겁이 좀 많아서 망설이니까 다들 남자에 좋은 거라며 부추겼어. 그리고 같은 걸로 만든 보드카라며 안에 가시오가피처럼 생긴 식물을 넣은 술을 따라주는거야. 주변에서 그러니까 오히려 더 겁이 나서 극구 사양하니까 그제야 그는 "cannabis"라고 이야기하며 대형스크린으로 사진을 보여주었어. 하지만 사진으로 보니까 더 뭔지 모르겠더라. 그냥 초록색 단풍 같았어. 막상 보니까 내가 괜히 메이플 시럽 같은 건데 애들 장난에 지레 겁먹은 건가 싶기도 하고, 허브 같은 건가 싶기도 해서 마셔볼까 싶었어. 그런데 뭔가 향이 달달한 향이 아닌 게 찝찝해서 인터넷으로 알아보니 그거⋯⋯ '대마'더라.

봉지에는 대마 잎을 태워 넣은 게 들어 있던 거였고, 가시오가피로 착각한 보드카는 대마 잎이 아닌 줄기를 넣은 술이었던 거지. 그걸 메이플 시럽으로 착각해서 마실 뻔했지 뭐야. 마약은 물론 담배도 피워본 적이 없기에 알고 나니 더욱 하고 싶지 않았어. 그의 눈빛이 술에 취한 것과는 다른 눈빛이었던 이유도 이때문인 것 같아. 권유도 프리하게 한만큼 당연히 강요도 없었어. 데미안은 거절도 쿨하게 웃으며 받아들였지.

데미안이 프리한 사람이라고 느낀 이유가 이뿐만은 아니었어.

내가 잘 곳을 이야기할 때도 침대 두 개와 바닥을 손가락으로 가리키더니 잘 곳이 딱히 정해진 게 아니니 취하면 알아서 자라고 하고, 음식도 그냥 마음대로, 술도 마음대로. 심지어 일도 딱 자기가 하고 싶은 만큼만 하고 쉬고 싶을 때 쉰다는 거야. 이게 가능해? 일하러 내려 간지 두 시간도 지나지 않아서 배가 고파서 먹고 해야겠다며 올라오고, 또 몇 시간 뒤에는 열심히(?) 일을 했으니 쉬어야겠다며 다시 올라오고. 일하는 게 맞나 싶을 정도로 프리한 라이프를 즐기고 있었어. 이게 진정한 'YOLO^{You Only Live Once}' 아닌가?

다미안은 다른 호스트들처럼 함께 시간을 보내는 것도 딱히 원치 않아 했어. 아니 더 정확히는 내가 뭘 하든 신경 쓰지 않았지. 덕분에 마음 편히 레만 호(제네바의 중심에 있는 대표 호수)를 구경하기도 하고, 제네바의 관광지 곳곳을 혼자 여행할 수 있었어. 그리고 여행을 마치고 집에 돌아와서는 데미안과 다른 게스트들과 함께 음식과 술로 하루를 마무리 하고! 확실히 이번 여행을 통틀어서 술을 제일 많이 마신 곳은 확실히 제네바야. 술의 도시 제네바.

데미안을 만나기 전까진 마약하는 사람은 정상이 아닐 거라 생각했어. 난폭하고 일상이 어려운 사람일 거라는 생각을 했는데, 그는 온화하고 자상하며 일상생활에 전혀 지장이 없는 사람이었어. 게다가 그는 담배는 피우지 않았어(보통 그 둘은 함께하는 줄 알았는데!). 오히려 담배는 중독성이 강해서 하지 않는다고 하더라.

물론 마약하는 걸 좋다고 말하는 건 전혀 아니야. 그의 생활과 생각이 'YOLO'라는 거지, 마약을 하는 게 자유로움을 상징한다는 것도 아니고. 단지 그가, 그의 생활이 다른 사람보다 조금 더 프리했다는 걸 이야기하고 싶을 뿐!

데미안과의 만남처럼 나와 다른 삶을 살고 있는 사람의 모습을 보면서 대리만족을 느끼는 것도 여행의 한 가지 묘미가 아닐까?

100만 원으로 여행할 수 있는 꿀팁 19.

만약 유스호스텔에 묵거나 비행기를 타고 제네바 공항으로 왔다면 제네바 1일 패스를 무료로 받을 수 있어. 1일 패스는 제네바의 모든 교통수단을 1일 동안 무제한으로 이용할 수 있어. 심지어 제네바의 수상택시까지 무제한! 스위스의 교통비는 유럽 내에서 손가락 안에 꼽힐 정도로 어마어마하게 비싸니까 이런 좋은 기회를 놓치면 안 되겠지? 스위스에서는 버스비 1회만 아껴도 식사를 세 끼나 먹을 수 있어(물론 식빵으로 세 끼지만……).

에피소드 20.
몽블랑에서 캠핑을!

| 막무가내로 여행을 떠난 것 같지만, 사실 난 여행을 떠나기 전 국가별 버킷리스트를 만들었어. 그 중 하나는 스위스에서 현지인과 함께 산에 오르고 산에서 캠핑하기였지. 그리고 스위스 제네바를 떠나 이탈리아 밀라노로 향하던 이 날 버킷리스트를 하나 이룰 수 있었어. 약간 다르긴 했지만 말이야.

큰 일 없이, 별 탈 없이 여행을 잘하다 보니 마음의 여유가 생기기 시작했어. 다른 도시, 다른 나라로 이동하는데도 그렇게 서두르지 않게 되더라. 보통은 새벽에 일어나 아침 여섯 시에서 일곱 시 사이에 출발했는데, 이 날은 제네바에서 정오쯤 히치하이킹을 시작했어. 데미안과 함께 생활하다 보니 나도 좀 프리해졌는지, 아니면

전 날 마신 술 때문에 못 일어난건지……. 어쨌든 이 날의 목적지는 이탈리아 밀라노! 가능하다면 베네치아까지 가고 싶었는데, 스페인 워크캠프 시작 날이 얼마 안 남아서 스페인으로 가는 일정까지 염두에 두고 가야 해서 밀라노가 알맞다고 생각했어. 스페인 워크캠프는 해외봉사활동 프로젝트인데, 뒤에서 자세한 설명이 나오니 여기서는 꼭 가야 하는 곳이라고만 이야기할게!

제네바에서 이탈리아는 그리 멀지 않다고 생각했는데 생각보다 순탄치 않았어. 첫 차까지는 수월하게 탔는데 이 후부터 문제가 조금씩 생겼거든. 첫 차의 운전자가 내려준 곳은 스위스 국경을 막 넘은 프랑스의 톨게이트였어. 왕복 8차선에 차선이 없는 도로여서 갓길에 차를 세울 수 없는 곳이었지. 하지만 동-서유럽을 히치하이킹으로만 오간 나잖아? 이미 여행을 통해 긍정의 기운이 한껏 높아져서(혹은 자만으로) '어쨌든 이동은 할 수 있을 거야'라며 히치하이킹을 했는데, 진짜 신기하게도 비상등을 켠 차가 재빨리 날 태워 주었어. 한 시간 만에!

8차선 고속도로 초입에서 날 태워주신 분은 70세쯤 되어 보이는 프랑스인 할아버지였어. 창문을 열고 급하게 손짓으로 타라고 하셔서 일단 탔는데 타고 나서 문제가 생겼어. 일단 '본수아(프랑스어로 점심인사)'를 제외하고는 그 어떤 대화도 불가능. 프랑스어를 전혀 못하는 내 잘못이었지. 지도와 명칭을 핸드폰과 손발을 이용해서 설명해봤지만, 내 작은 아이폰 5S의 화면을, 백발의 할아버지께서 운전을 하시면서 확인하기에는 큰 무리가 있었어. 결국 난 그냥 할아버지의 운전대에 몸을 맡길 수 밖에 없었지. 그렇게 30분쯤 달렸나? 할아버지는 왕복 10차선쯤 보이는 고속도로 한복판에서 갑자기 속도를 줄이시더니(신기한건 뒤에서 차도 안 왔어!) 여기서 자기는 외곽으로 빠져나간다고 하셨어(말씀은 이해하지 못했지만, 손짓으로도 설명이 충분하니까).

……정말 고속도로 한가운데였어. 한가운데. 갓길도 없는! 고속도로 한가운데에 비상등을 켜놓고 고속도로에 멈춰 있는 상황이라니. 어쩔 수 없이 재빨리 짐을 들고 고맙다는 인사와 함께 내려야 했어. 뒤에 미친 듯이 달려오는 자동차에 치여서 여행을 마치고 싶

지는 않았으니까.

일단 가드레일을 넘어간 후, 숨도 고르고 상황파악을 해야 했어. 물론, 고속도로 위로는 절대 다시 올라갈 수 없었지. 카를로스(브라질 전설의 축구선수)가 찬 공처럼 자동차에 치여 무자비하게 날아가고 싶은 마음은 없었으니까.

갓길에서 손을 아무리 흔들어도 시속 150킬로미터 이상의 속도로 달리는 차들이 날 볼 수나 있을까? 설령 봤다고 해도 이미 지나쳐서, 날 태우려면 고속도로에서 후진을⋯⋯ 고속도로에서 후진이라니, 말이 안되잖아? 게다가 차들은 어찌나 쌩쌩 달리는지 무서워서 가드레일에서 오도 가도 못 하는 처지가 되었어. 한 시간이 지나도, 두 시간이 지나도 아무도 세워주지 않았어. 아니, 더 정확히는 다들 차를 세울 수 없었겠지(그 할아버지는 정말 어떻게 고속도로에서 차를 세우고 날 내려줄 수 있었던 걸까? 아직도 미스터리야). 그런데 유일하게 고속도로에서 비상등을 켜고 세워 준 차가 한 대 있었어.

바로 경찰차. 하……, 오스트리아에 이어 두 번째 경찰차 탑승이었어. 그때는 경찰들이 지나가다가 우연히 날 보고 태워준 거였지만, 이번에는 연행(?)에 가까운, 정말 위험한 상황이라 꼭 태워야만 하는 상황이었어.

히치하이킹은 고속도로 초입을 제외하고 고속도로에서 하면(심지어 스위스는 고속도로 초입도) 불법이야. 프랑스 경찰은 고속도로를 한 손으로 막고는 뛰어오며 얼른 자신을 따라서 경찰차에 타라고 했어. 처음에 경찰차를 봤을 때는 연행될까 봐 엄청 긴장했는데, 막상 경찰차에 타니까 이상하게 긴장이 풀리면서 다행이라는 생각이 먼저 들었어. 가드레일에서 두 시간 넘게 갇혀 있다 보니까 탈출했다는 안도감이 더 컸던 것 같아.

경찰차를 타고 이동하면서 사정을 이야기하니까 생각보다 이런 여행자가 꽤 있었는지, 사정은 이해하지만 고속도로에서 히치하이킹은 불법이니 다시는 하지 말라고 말하며 이탈리아로 가는 길에 내려주겠다고 했어. 가는 길에 여권검사를 했는데 범죄 이력이 있는 것도, 불법체류를 한 것도 아니니 문제 없었지. 그리고 일단 대한민국 여권을 꺼내는 순간 크게 의심하지 않는 눈치였어. 새삼 한국

여권의 파워를 느낀 순간이었지! 한국인이 유럽에서 테러나 살인 같은 큰 범죄를 일으켜 문제된 적이 없다 보니 유럽인은 한국인을 좋은 관광객으로 인식하는 경우가 많아. 덕분에 국적 확인만으로도 좋은 대우를 받을 수 있었던 것 같아. 프랑스 경찰은 스위스에서 걸리지 않은 게 천만다행이라며 이탈리아로 가는 좋은 주유소에 내려주고는 다시 사이렌을 울리며 돌아갔어.

프랑스 경찰이 내려준 곳은 4면이 아주 높은 산으로 둘러싸여 있는 노숙하기 딱 좋아 보이는 곳이었어. 과연 여기가 정말 이탈리아로 가기 좋은 도로인지 아니면 노숙하기 좋은 장소라서 내려주고 간 건지 의심스러울 정도로! 경치가 워낙 좋으니까 절로 '여기서 침낭 깔고 자도 되겠다'는 생각이 들더라. 그래도 일단 해가 지기 전까지 이탈리아로 가는 차를 찾아보기로 했어. 어차피 가는 차를 못 구해도 첫 노숙을 이런 곳에서 한다면 충분히 괜찮겠다 싶었으니까.

이런 고민을 하기가 무색할 정도로 빠르게 30분 만에 다른 차를 타고 그곳을 떠나야 했어. 운전자는 한국에서 2년 동안 태권도를 배웠다면서 태극기를 보고 반가워서 날 태웠다고 했는데, 그리 오래가지 않고 서로 가는 길이 달라 차를 세우기 적합한 로터리에서 날 내려주었어. 그리고 바로 다음 차에서 이 날의 주인공. 데이비드 David와 그의 아버지를 만났어.

데이비드는 한국인 일곱 명과 호주에서 5개월이 넘도록 같이 생활하기도 하고, 한국인과 함께 두 달 동안 한국을 여행했을 정도로 한국과 아주 깊은 인연이 있는 사람이었어. 차를 타고 가면서 그의 이야기를 듣고 '이건 기회다' 싶었지! 그리고 당연히(이제는 좀 당연해진) 집으로 날 초대해 줄 수 있는지 물어보았어. 답변은 기다렸다는 듯이 당연히 Okay! 그런데 집에서는 재워 줄 수 없다고 했어. 아니 이건 또 무슨 소리지? 집으로 초대를 하는데 집에서 자는 건 안된다니?

데이비드는 샤모니 몽블랑이라는 작은 마을에서 아버지(할아버지)와 어머니, 여동생 그리고 조카(여동생의 아들)와 함께 살고 있었어. 그의 집은 다섯 명이 살기에도 넉넉하지는 않은 작은 집이었어. 그러다 보니 나까지 잘 곳은 없었던 거야. 집은 좁지만 천연 잔디로 된 넓은 마당이 있었어. 그래서 그는 마당에서 텐트를 치고 자는 건 어떻겠느냐고 물어보았어. 나야 거절할 이유가 없었지! 짧은 영어로 난 침낭이 있으니 캠핑이 가능할 것 같다고 했고, 그의 집에 초대받을 수 있었어.

집에 도착하고 텐트를 쳐야 하니까 텐트가 어디 있냐고 물어보는 내 질문에 데이비드가 엄청 웃었어. '뭐지? 왜 갑자기 저렇게 웃지?' 싶었는데, 데이비드는 아까 차 안에서 나한테 텐트를 가지고 있냐고 물었는데 내가 너무 당연하다는 듯이 침낭을 가지고 있다고 되받아 치길래 침낭과 텐트를 모두 가지고 있다는 말로 알아들었더라고(내 짧은 영어의 한계랄까……). 다행히 그는 자기 텐트가 있으니 그걸 사용하라며 빌려 주었어. 그리고 그의 아버지에게 텐트 치는 법을 배워서 마당에 텐트를 쳤어.

　우여곡절 끝에 남의 집 앞마당에 집 주인에게 텐트까지 빌려서, 3일간 사용할 텐트를 쳤어. 아주 뿌듯하더라(어렴풋이 훈련병 생활이 떠올랐어)! 그리고 몽블랑에서 캠핑할 생각에 어린아이가 된 것처럼 꽤 들떴어. 어릴 적 로망이 텐트 치고 산에서 자는 거였어. 그래서 버킷리스트에 적어놓은 건데 그걸 이룰 생각을 하니까 설레는 거 있지?

　제네바에서 지도를 보며 다음 목적지를 정할 때 근처에 몽블랑산이 있는 걸 봤지만 갈 생각은 하지 못했어. 일단 히치하이킹으로 몽블랑 근처까지 의도적으로 가는 것도 어렵고(몽블랑으로 향하는 사

람이 많지 않을 테니까), 설령 갔다 해도 잘 곳이 없으면 기온이 낮은 산
에서 노숙하는 건 너무 위험하니까. 그래서 산에서 캠핑하는 건 포
기하고 이탈리아로 넘어가려고 했던 건데, 한 번에 몽블랑 가는 차
와 잘 곳까지 구한 거야. 행운이 따랐지!

　주변이 온통 눈으로 덮여 있는 눈산이었어. 그리고 몽블랑 산의
녹지 않는 만년설이 한눈에 들어왔어. 현지인과 함께 산에서 캠핑
을 하는 버킷리스트도 하나 이루고 처음으로 텐트에서 자려고 하
니(군대 빼고!) 새로운 여행을 온 기분이었어. 여행 속의 여행을 떠난
기분! 비록 처음 생각한 버킷리스트처럼 현지인과 함께 산을 등반

하고 산 속에서 자는 건 아니었지만 생각지도 못했던 몽블랑에서 (무려!) 캠핑한다고 생각하니 엄청 짜릿하고 특별한거 있지? 생각지도 못했던 연말 보너스를 받은 기분이랄까! 어차피 산 속은 위험하고 더 추워서(산 중턱인 여기도 이렇게 추운데 산 속은 어마어마하겠지?) 데이비드의 앞마당은 나에게 최적의 캠핑장소였어! 심지어 와이파이까지 쓸 수 있었는걸!

밤에 텐트에 누워 입구만 살짝 열고 머리만 내놓고 하늘을 바라보면 수백 개의 별이 머리 위에 있어. 선선하게 불어오는 상쾌한 산 공기에, 이슬을 품은 잔디의 싱그러움까지! 아침에 눈을 뜨면 구름 한 점 없는 화창한 날씨에 저 멀리 만년설을 가진 몽블랑이 보이는 캠핑. 이런 캠핑을 어떤 여행에서 할 수 있을까!

100만 원으로 여행할 수 있는 꿀팁 20.

여행을 떠나기 전 유럽에서 하고 싶은 일(버킷리스트)을 적어 봐! 한국에서는 꿈에서만 그리던 버킷리스트가 하나둘 이루어지는 걸 경험하다 보면 그 성취감에 더 풍요로운 여행이 될 거야. 특히 도시별로 한 가지씩 현지인과 할 수 있는 일을 버킷리스트에 적어놓으면 버킷리스트를 이뤄나가는 재미에 조금 불편하고 힘들어서 받는 스트레스도 별 것 아니라고 느껴질 거야.

에피소드 20.5.
쉼표, 잠시 쉬어가기

벌써 여행의 반을 마쳤어. 여기까지 함께 힘든 여행을 하느라 고생 많았어. 하지만 힘든 만큼 재미있고 신나는 일이 많았지? 그 안에서 많은 것들을 보고 배우기도 했고 말이야. 쉴 새 없이 여행하며 많은 것을 보고 경험하는 것도 좋지만, 여행도 체력전이라서 쉽게 지치지 않도록 잠시 쉴 시간을 갖는 것도 필요한 것 같아. 쉼표가 있어야 남은 숨을 내뱉고 다시 큰 숨을 들이마실 수 있으니까. 잠시 쉬면서 내 여행에 관한 두 가지 이야기를 들려주려고 해. 잠시 쉬면서 들어줄래?

여기까지 오면서 누군가는 이렇게 생각했을 수도 있어. '프랑스 파리에 다녀왔다면서 어떻게 에펠탑에 대해서는 한 마디 언급조차 없지?' 혹은 '런던에 왔는데 빅벤이나 타워브릿지 이야기를 하지

않다니! 이거 여행기 맞아?'

여행 초반에는 각 도시의 랜드마크를 모두 가보긴 했어. 유명한 만큼 워낙 멋지고 감탄이 절로 나는 화려한 건축물과 도시의 아름다움을 찬양하는 화려한 미사어구가 일기장에 잔뜩 등장해. 우선, 이에 대한 설명이 가득한 기존 여행기와 영상이 많고 난 그분들처럼 멋지게 설명하는 재주가 없어. '광활한 대자연 앞에 난 한없이 작아져, 그 거대함이 날 꾸짖고 나 자신을 반성하게 만들었……' 이런 글은 나에게 안 맞는 것 같아. 무언가를 보고 저렇게 느끼지 못하는 나 자신이 첫 번째 문제고, 느꼈다한들 저렇게 힘찬 문장으로 써내려 가기엔 내 피부가 용납하지 않는 것 같아. 그래서 조금은 투박하지만 내가 보고 만난 사람의 이야기를 담백하게 쓰고 싶었어.

이제부터 나올 여행의 후반부부터 유명 랜드마크를 가지 않는 도시도 많아. 그래서 적지 못할 수도 있어. 한 도시에서 어떤 사람들을 만나고 다른 도시로 이동하면서 그 도시를 돌이켜보면, 랜드마크나 유명관광지는 나에게 별로 의미가 없었어. 내 여행의 의미는 랜드마크가 아닌 사람들과 만드는 이야기에 있었거든. 뾰족하고 긴 A 모양의 고철 덩어리를 멋지게 표현하는 건 내가 할 일이 아니라고도 생각할뿐더러 그것들을 보고 느끼는 감흥이 각기 모두 다를 것임을 잘 알아. 아직 그것들을 보지 못한 사람은 설명을 듣고도 감이 잘 안 오거나 내 허접한 묘사 탓에 보지도 않고 실망할 수도 있고, 이미 본 사람은 그때 느낀 감정이 내가 느낀 것과 다를 수 있잖아? 그래서 이 여행에서만 보고 느낄 수 있는 것만 이야기하려 해.

두 번째 하고 싶었던 이야기는 '이게 정말 거짓 없이 쓴 글이 맞을까?'라는 생각에 대해서야. 몸소 겪은 나조차 믿기지 않을 정도로 신기한데 눈으로만 보는 너는 더 믿기지 않을 수 있으니까! 하지만 순도 100퍼센트 사실이야. 오히려 믿기 어려울까 걱정돼서 최대한 감정도 절제해서 썼고, 여행일지에 적지 않은 것이나 사실을 확인하기 어려운 것은 최대한 제외하고 쓰려고 노력했을 정도로 말이야.

지금까지의 여행이 믿기 어려울 만큼 신기하고 즐거웠다면 분명히 나와 함께 하는 남은 후반부 여행도 즐거울 거야! 이 이후에는 여행 초반보다 더 믿기 어려운 일이 많을 테니까 말이야. 긴장도 어느 정도 풀렸으니 이제부터 진짜 제대로 놀아봐야 하잖아? 그러니 남은 여행도 기대해도 좋아. 준비됐지? 그럼 다시 떠나볼까!

Day 43 to 75:
몸 좀 풀었으니
제대로 놀아보자!

흔한 캠핑초보자의 실수
(feat.개미지옥)

│혹시 캠핑 좋아해? 어릴 때 다
들 캠핑에 대한 로망 하나쯤 가지고 있지 않았어? 텐트를 치고 침
낭 속에서 램프 빛 속에서 친구와 함께 수다를 떠는 상상! 이런 로
망이었던 캠핑을 유럽에서(그것도 무려 샤모니 몽블랑에서!)하게 되니
단순히 아침에 눈만 떠도 즐겁고, 특별한 일이 없어도 매일이 특별
하게 느껴졌어.

　이탈리아로 가는 길에 히치하이킹을 하며 만난 데이비드의 앞
마당에 그에게 빌린 텐트를 치고 앞마당을 차지한 지도 어느덧 이
틀째. 이 날도 데이비드의 가족과 함께 마당에서 점심을 먹고, 저녁
에 다가 올 밤 캠핑을 상상하며 몹시 들떴어. 낮의 몽블랑도 아름답
지만, 밤하늘 가득한 별이 정말 몽블랑보다 값졌거든!

　물론 모든 것이 완벽할 수는 없듯이 로망과 현실 사이에는 갭이 있었어. 육체적으로 힘든 일이 많았지.

　우선 샤모니 몽블랑이라는 도시도 처음 들어보는 사람이 많을 거야. 나 또한 도시에 도착하고 나서야 정확한 명칭을 알게 되었으니까. 샤모니 몽블랑은 도시 자체가 산의 중턱쯤에 있고 주변이 산으로 둘러싸여 있어서 7월임에도 평균 기온이 그리 높지 않을 것 같았어. 하지만 낮에는 선글라스 없이 다니기 힘들 정도로 뜨거운 햇볕과 높은 기온 때문에 텐트 안이 찜통 같았어. 그래도 마을을 구경하며 그늘에서 쉬기도 하면서 보내면 되니까 괜찮았어.

　문제는 밤. 낮은 엄청 더운데, 새벽은 참기 어려울 정도의 추위가 찾아왔어. 생각해보니 만년설을 자랑하는 몽블랑이잖아? 여행 떠나기 전에는 저렴한 가격에 산 침낭이 겨울용이라는 사실에 몹시 분노했는데(워낙 무겁고 부피도 커서), 텐트 안에서 잠을 자면서 내 선택에 감사함을 느끼며 세상일 어떻게 될지 모른다는 걸 새삼 깨달았어.

겨울용 침낭에 바지 두 벌, 상의도 네다섯 겹으로 중무장을 하고 자도 북극곰 뺨따귀 날리는 새벽 추위 때문에 몇 번이나 깨고, 하루 중 가장 춥다는 해뜨기 직전에는(보통 여섯 시 전후로) 더 자고 싶어도 잘 수가 없었어. 낮 기온은 40도를 넘기도 하는데 밤 기온은 10도 미만까지 내려가니(일교차가 무려 30도!) 혹한기훈련이 떠오를 정도였어(깰 때마다 불침번 교대를 해야 할 것 같은 기분도 들고...). 혹한기훈련은 아무리 적응하려 해도 그 추위가 적응이 안되잖아? 몽블랑 추위가 딱 그랬어. 매일 잠 못 드는 추위. 게다가 나름 괜찮은 땅에 텐트를 쳤다고 생각했는데 바닥에 있는 나뭇가지 하나가 계속 신경 쓰였어.

이처럼 밤의 문제가 워낙 크긴 했는데, 텐트를 철거해야 하는 사건은 낮에 일어났어.

캠핑 이틀차에 마을에서 큰 재즈페스티벌이 열렸어. 마치 올림픽공원에서 하는 뮤직 페스티벌처럼 넓은 동산의 푸른 잔디 위에서 자유롭게 맘껏 마시고 춤추며 무대 위 밴드의 음악을 들으며 즐기는 그런 페스티벌! 이 날 온 밴드가 누구인지, 어떤 곡을 하는지도 전혀 몰랐지만 마을 주민과 신나게 춤추고 놀 만큼 좋은 공연이

었어. 알 수 없는 노래지만 후렴구를 마을 사람들과 함께 목이 터져라 따라 부르고, 이름 모를 사람들과 신나게 춤을 추었지. 신나게 놀다 보니 초저녁에 시작한 재즈페스티벌이 끝나고 벌써 밤 열한 시가 넘어 마을 전체가 어두워졌어. 서둘러 집으로 돌아왔는데 텐트 안으로 들어가려다 경악했어. 왜냐고? 텐트 안이 개미와 이름 모를 벌레 떼로 가득했거든!

사건의 전말은 이랬어. 데이비드의 마당은 멋진 천연 잔디로 가득했는데 그 위에 텐트를 치고 페스티벌을 갈 때 텐트 문을 활짝 열고 나갔어. 왜 이런 멍청한 짓을 했냐고? 밤에는 추워서 문을 꼭 닫

고 잠을 자야 했지만 햇볕이 강한 낮에는 텐트 안의 온도가 점점 올라 찜질방이 따로 없었어. 그래서 환기를 시키겠다고 열어둔 건데, 그 때문에 개미와 이름 모를 벌레들이 텐트 안에서 홈 파티를 즐길 수 있었던 거지. 나 혼자 재즈페스티벌에서 신나게 즐기는 줄 알았더니 더 가까운 곳에 더 신나는 페스티벌이 열렸더라. 침낭, 배낭, 수건, 심지어 속옷까지! 곳곳에서 파티를 하고 있는 녀석을 어떻게 처리해야 할지 고민하다가 결국 텐트를 철거하기로 했어. 물건을 하나하나 꺼내 꼼꼼히 털어내고 텐트에 있던 개미와 벌레도 모두 집으로 돌려보냈지. 그리고 야밤에 다시 텐트를 쳐야만 했어. 다행

히 데이비드의 가족들은 이 날 다른 도시로 여행을 다녀와서 새벽 두 시가 넘어서야 집에 도착해 내 멍청함을 들키지 않을 수 있었어. 야밤에 두 시간 동안 대청소를 하는 그런 멍청함. 그런데 꼭 나쁘지만은 않았어. 철거한 김에 좀 더 평평하고 좋은 자리로 이동해서 텐트를 세웠거든. 계속 신경 쓰이던 나뭇가지가 없는 곳에! 그리고 생각보다 텐트 치는 데 오래 걸리지도 않았고, 짐도 깔끔하게 다시 정리할 필요가 있었는데 적절한 시기에 끝냈다고 생각하니 오히려 속이 시원했어.

군대에서 훈련 중에 텐트를 치고 생활을 해본 적이 있었는데 그땐 흙 위에 텐트를 세워서 벌레를 생각하지 못했어(벌레가 있었어도 유격 훈련 중에 그게 신경이나 쓰였을까?). 그리고 데이비드의 마당의 잔디는 깊고 푹신해서 텐트치기 좋다는 생각만 하다 보니 그 아래에 있을 벌레는 생각지도 못했어. 조금만 생각하면 당연히 천연잔디에 벌레가 없을 리 없다는 걸 알았을 텐데 몽블랑, 캠핑, 페스티벌에 정신이 팔린 거지. 아니, 솔직히 인정할게. 난 멍청이야, 누구를 탓하겠어.

이 사건 덕분에 한 가지는 확실히 배웠어. 잔디 위에서는 항상 벌레를 조심해야 한다는 걸(그런데 정말 이걸 몰랐으면 스페인에서 풀밭에서 노숙하고, 다음 날 더 큰 참사를 겪어야 했을지도 몰라. 자세한 이야기는 뒤에서 할게!).

100만 원으로 여행할 수 있는 꿀팁 21.

여행을 하면서 원하는 곳에서만 자면 좋은데 꼭 그렇게 되지만은 않아. 아니, 오히려 생각지도 못한 곳에서 자는 경우가 많아. 그렇기 때문에 여름에 여행을 다니더라도 외투와 얇지 않은 침낭은 꼭 챙겨가는 게 좋아. 나처럼 산에서 자야 한다면 반팔과 얇은 침낭만으로는 버티기 어려울 거야. 그리고 혹여 감기라도 걸리면 다음 일정을 소화하기 벅찰 거야.

에피소드 22.
포르노 배우와 반딧불이 여행

| 한 여름 이탈리아 토리노의 더
위에는 자비가 없어. 40도가 넘는 무더위는 기본, 5분만 걸어도 땀
이 주룩주룩 날 정도의 습함까지. 이때문에 현기증도 자주 났을 만
큼 더위가 심했어. 그래서 외출보다는 실내에서 쉬면서 여행을 하
고 싶었어.

토리노에서는 3일 동안 머물 예정이었어. 도착한 첫날은 다행
히 이른 저녁에 카우치서핑 호스트인 아비의 초대를 받아서 지
낼 수 있었어. 아비는 토리노에서 공부를 하고 있는 중국인 대학생
이었는데, 무려 이번 여행 최초의 여성 호스트였어! 혹시 이상한 걸
상상했어? 여행지의 로맨스나 한 여름 밤의 꿈 같은 거? 하하, 물
론 여행에서 로맨스는 꿈꿀 수 있지만 인생은 실전이야. 이상과 실

제는 다르니까. 한 집에 함께 지내게 된 신체 건강한 남녀였지만, 처음 인사를 하자마자 우리는 서로가 서로의 타입이 아니라는 걸 바로 깨달았어. 문을 열자마자 '아, 좋은 친구가 되겠다'라는 생각을 했으니까! 아마 아비도 같은 생각이었을 거야.

아비는 다음 날 브뤼셀을 여행할 예정이어서 난 하루만 머물기로 했어. 그래서 간단히 저녁식사를 하며 시간을 보내고 다음 날 아침 일찍 헤어졌지.

아비의 집을 나서서 다음 호스트인 루카의 집으로 향했는데, 운 좋게도 두 사람은 같은 동네에 살고 있어서 그리 멀지 않았어. 게다가 루카는 친절하게도 아침 식사를 준비해놓고 기다리고 있었어. 10분도 안 되는 거리를 걸어왔지만 땀에 전 내 모습을 보고는 루카는 식사보다 샤워를 먼저 권유했어(10분 전에 아비의 집에서 샤워하고 나왔는데!).

약간 작은 키에 둥글둥글한 외모, 친절이 몸에 배어 있는 행동 때문에 난 루카가 자신이 시칠리아 출신이라고 소개할 때 깜짝 놀랐어. 왜냐면 이탈리안 중에서도 특히 남부이탈리안은 화끈한 성격에 일상에 파티와 여자가 빠질 수 없다고 소문이 자자한데, 루카는 정평난 남부이탈리안과는 정반대의 조용하고 섬세한 성격이거든.

루카의 집은 방이 세 개나 있는 기숙사 형태의 집이었는데, 마침 두 친구가 방학이라 고향으로 가고 혼자 남아 있었어. 덕분에 빈 방에 짐을 풀고 편하게 쉴 수 있었어.

이탈리아하면 떠오르는 음식은? 보통 열에 아홉은 파스타를 꼽

지 않을까? 루카는 이탈리아에 왔으니 당연히 파스타를 먹어야 한
다며, 이탈리아 정통 파스타를 만들어 놓았으니 마음껏 먹으라면
서 그릇에 담아주었어. 정통 이탈리안의 파스타는 한국인이 비벼
주는 비빔밥 같은 느낌이었어. 무슨 느낌이냐고? 대충 만들어도
훌륭한 맛을 내는 느낌!

　　루카는 자신의 친구가 한국여행을 다녀온 지 얼마 안 됐는데, 그
친구에게 한국인 게스트를 집으로 초대했다고 말했더니 날 만나
고 싶어 한다고 했어. 구름 한 점도 없는, 40도가 넘는 이 살인적인
날씨에 어디도 나가고 싶지 않았지만 초면에 부탁을 거절할 수 없

어서 언제, 어디서 만날지를 물어보았어. 그런데 나와 마찬가지로 루카도 이 날씨에 나가고 싶지 않았나 봐. 이 날씨에는 자기도 바로 나가기 힘들 것 같다며 친구에게 답을 미뤄야겠다고 했거든.

후식으로 커피 한 잔을 마시며 이야기를 나누는데 졸음이 밀려 왔어(커피와 졸음은 상관이 없는 것 같아). 배도 부르고, 날도 좋으니 그 평온함에 우리 둘 다 식탁에서 졸기 시작했어. 처음엔 졸다가 졸음이 잠으로 바뀌더니 꽤 긴 낮잠을 잤어. 기다리다 지친 루카의 친구가 집까지 찾아와 벨을 누를 때까지 꽤 긴 잠을. 아침에 만났는데 저녁 네 시까지……

루카의 친구는 한국여행을 마치고 귀국한지 2주밖에 되지 않았어. 그래서인지 한국 이야기를 굉장히 생생하게 해주었어. 그는 한 달 반 동안 한국 곳곳을 여행했는데, 내가 본 한국보다 더 많이, 자세히 여행했더라. 그는 자신이 다녀온 도시 이야기를 하면서 사진을 보여주는데 전혀 모르는 도시와 관광지 사진에 난 쉴 새 없이 네이버 검색을 해야 할 정도였어. 통영과 해남은 대체 어떻게 알고 간 걸까 이 친구. 보성은 어떻게 간 거야 대체? 이 친구덕분에 한국에 돌아가면 많은 도시를 여행하기로 마음먹었어. 한국에도 좋은 여행지가 많다는 걸 새삼 다시 느꼈거든.

그는 친구와 약속이 있어서 가야 하는데, 우리와 함께 가자고 제안했어. 가장 더운 시간도 조금은 지나고 잠도 꽤 오래 잔 우리는 당연히 좋았지! 그래서 함께 루카의 친구 차를 타고 약속장소로 향했어.

약속 장소에는 우리 셋을 제외한 여섯 명의 친구들이 있었는데 대부분 서로 오랫동안 알고 지낸 친구들이었어. 아홉 명 중에 나와 율리아만 이 자리가 처음이었는데, 율리아는 나와 같은 카우치서핑 게스트였어. 그녀는 이탈리아로 공부하러 온 러시아 유학생이었는데, 러시아로 귀국하기 전 방학 동안 스페인, 프랑스, 이탈리아를 카우치서핑으로 여행 중이었어. 루카를 제외한 다른 친구들은 영어를 전혀 하지 못하거나 어려워했고, 율리아도 이탈리아어가 유창하지 않아 대화상대가 서로밖에 없었기 때문에 우린 금세 친해졌어.

우리는 토리노의 야경과 산꼭대기에 있는 오래된 성을 보려고 산을 오르기로 했어. 다분히 나와 율리아 두 사람을 위한 산행이었는데, 막상 우리 두 사람의 흥미와는 멀었던 것 같아. 두 대의 차로 산 근처까지 이동했는데, 산은 그리 높아 보이지 않았어. 나중에 다 오르고 알게 된 사실인데, 등산은 높이가 중요한 게 아니더라. 낮아도 산을 빙글빙글 돌면서 올라가면 아무리 열심히 걸어도 높이가 줄어들지 않는다는 걸 알았거든.

이런 식으로 우암산(청주의 작은 산, 높이 353미터)을 오르면 정상에서 한라산을 등반한 기분을 느낄 수도 있겠던걸. 조금만 올라가면 된다던 산은 두 시간이 넘는 고된 산행으로 바뀌었고, 우린 거의 전문 산악인이 되어 나중엔 대화 없는 거친 등반을 했어. 물론, 좋은 점도 있었어. 산을 정말 360도로 빙글빙글 돌면서 오르다 보니 토리노의 동서남북을 모두 볼 수 있었거든!

두 시간이 넘도록 올라간 정상의 성은 약간 허무하게도 밤이 늦어서인지, 원래 휴일이었는지 굳게 닫혀서 들어갈 수 없었어. 굳게 닫힌 철문 앞에서 다양한 이탈리아 욕이 난무했어(느낌으로 욕인지 아는 게 아니라 율리아가 알려줬어. 이탈리아에 처음 왔을 때 욕을 제일 먼저 배웠다고 했는데, 이건 역시 만국 공통인 것 같아). 결국 우린 성에는 들어가지 못하고, 잠시 바닥에 앉아서 사진을 찍고 숨을 고르고 하산을 시작했어. 성이 아니라 산행이 목적이었나 싶을 정도의 스파르타식 산행이었지.

등산보다 하산이 위험한 건 익히 들어서 알고 있었지만 여긴 좀 더 심각했어. 내려가는 길에 가로등이 하나도 없었거든. 게다가 길이 전혀 정비되지 않은 돌길이었어. 아마도 시에서 관리를 전혀 안 하는 그런 산인 것 같더라. 야맹증에 가까운 전형적인 현대인의 눈을 가진 나와는 다르게, 빛도 전혀 없는데 거침없이 발을 딛는 친구들을 보면서 쟤들은 고양이 눈을 가졌나 싶었어. 난 현대인답게 핸드폰으로 플래시를 켰는데, 다들 거침없이 내려가는 모습에 나만 이상한 건가 싶었어. 다행히도 율리아는 나와 같은 현대문명인이라서 함께 플래시에 의존하며 한 발 한 발 조심스럽게 내디디며 하산했어.

오를 땐 몰랐는데 내려가면서 보니 토리노의 야경은 아주 멋졌어. 특히 한 바퀴씩 돌 때마다 해가 천천히 지면서 빨간색, 주황색, 노란색, 파란색, 보라색으로 변하는 노을이 눈부시게 아름다웠어. 하지만, 제일 인상적이면서 충격적인 것은 바로 반딧불이!

가로등에 무언가 반짝이는데, 반딧불이를 한 번도 실제로 본적이 없던 난 그게 뭔지 몰랐어. 단순히 어딘가에서 반사돼 생겨난 빛인가 싶었지. 좀 더 정확히는 아무런 생각이 없었어. 왜냐면 산행이 힘들어서 아무런 생각도 할 수 없었거든.

반짝이는 빛이 자꾸 신경쓰여서 가까이 가보니 빛이 움직였어! 반딧불이였지. 플래시와 거친 돌길 때문에 바닥만 보고 가다가 플래시를 끄고 주변을 둘러보니, 칠흑같이 짙은 어둠 속에서 한 마리가 아닌 수십 마리의 반딧불이들이 날아다니는 모습에 마치 동화 속 배경에 온 것 같은 착각이 들 정도였어. 믿겨지지 않는 상황에 감탄사가 절로, 'Wow!'가 아니라 한국어로 "와…… 미쳤다. 우와, 하…… 대박이다 진짜. 어쩜 이렇지?"라는 말이 막 튀어나왔어. 친구들이 어떻게 생각할지 신경도 못 쓰고 한국어로 감탄사를 연발하다 정신을 차려보니 주변이 전부 웃음 바다였어. 이 멋진 광경에 대체 뭐가 웃긴 건가 싶어서 왜 다들 그렇게 웃는지 물어봤더니 루카가 웃음을 참으며 이렇게 말했어.

"Sun! 너 포르노배우인줄 알았어! 포르노 배우의 신음소리를 정말 잘 내던걸?"

내려가는 내내 친구들은 날 포르노배우라고 부르며 서투른 한국어를 따라 했어. 친구들은 반딧불이보다 내 한국어를 더 신기해하더라. 이 친구들은 여길 한두 번 온 게 아니라 그다지 신기하거나 특별한 일이 아니었으니. 게다가 성이나 야경을 볼 때는 별 반응이 없더니 오히려 이상한 데서(이 친구들의 입장에서) 즐거운 반응을 보이니 그게 더 신기하다고 했어.

어릴 때 읽은 동화책 속에서나 볼 수 있는 것인 줄 알았는데 손에 닿기도 하고 심지어 주변에서 날아다니기까지 하는 반딧불이라니! 상상하지도 못한 깜짝 선물을 받은 것 같은 기분이었어. 이것만으로도 토리노는 다시 꼭 와야 하는 이유가 됐을 정도로!

오랜 산행으로 허기가 진 우리는 저녁을 먹으러 근처 레스토랑에 갔어. 이탈리아에서는 1인 1피자를 해야 한다며 테이블에 자리가 없을 만큼 넉넉하게 요리를 주문했고, 술이 빠지면 섭섭하다며 운전자 두 명을 제외하고 잔뜩 취할 정도로 술을 마셨어. 유럽답게

각자 시킨 음식만 먹으려고 하는데 한국의 나눠 먹는 정을 알려주니까 처음엔 다들 어색해하다가 나중에는 음식이 나오니까 서로 자연스럽게 주고 받더라.

가게에서 만난 새로운 친구에게 루카가 '포르노배우와 반딧불이' 이야기를 하는데, 내 한국어를 어눌하지만 생각보다 잘 따라 해 또 한 번 웃음 바다가 됐어. 다들 "예위, 미쵸었다. 와, 대봐키다(와, 미쳤다. 와 대박이다)"라고 하는데 어떻게 안 웃을 수가 있겠어!

그는 우리 이야기를 잘 들었다며 테이블에 술을 선물했어. 아름다운 초록색 술은 오늘의 반딧불이를 다시 한 번 기억하라는 의미였는데, 난 '주인공'이라서 세 잔이나 마셔야 했어. 그리고 연거푸 세 잔을 원샷을 하고 한국어로 이렇게 말했어. "와, 미쳤네 술맛! 하……." 그리고 다들 내가 한 말을 따라하느라 너도나도 바빴지. "와, 미쥬었네 쑬롸앗! 하……."

100만 원으로 여행할 수 있는 꿀팁 21.

여행 지출에서 꽤 높은 비중을 차지하는 게 관광지 입장료야. 보통 10유로에서 비싸면 20유로가 넘는 경우도 많아. 비싼 돈을 주고 가는 만큼 보면서 배우는 것도 많고 느끼는 것도 많아. 하지만 적은 돈으로 여행을 하면서 이런 곳을 모두 다닐 수는 없잖아. 그러니 꼭 돈을 주고 가야 하는 관광지에 집착하지 말고 근처 산이나 바다로 향하는 건 어떨까? 공원에서 돗자리를 펴고 일광욕을 하며 책을 읽기도 하고, 친구와 카드게임도 하면서! 여행을 마치고 돌아오면 유명 관광지를 다녀 온 것도 기억이 나지만 이런 소소한 시간을 보낸 게 더 기억에 남기도 해.

에피소드 23.

사이드미러 충돌사고!
긴장과 웃음의 니스!

|그냥 정처 없이 돌아다니는 여
행이었다면 이렇게까지 힘들지 않았을 텐데, 내 여행은 내 욕심과
의무적으로 해야 할 일, 이 두 가지의 밸런스를 맞추는 게 가장 어려
웠어. 특히 프랑스 니스에서 이 때문에 고생을 꽤 했어.

어차피 한국으로의 귀국 날짜는 정해져 있기에, 난 최대한 많은
나라와 도시를 다니고 싶었어. 첫 계획은 앞서 말한 것처럼 365일. 1
년 여행이 목표였는데 항공권을 지원해 준 기아자동차에서 9월 22
일 전까진 꼭 귀국해야 한다고 해서 100일 여행으로 바꾸게 됐지.
또한 워크캠프 참가 기간(8월 8일부터 22일까지) 전까지 늦지 않게 도
착해서 봉사활동을 해야 했어. 때문에 일주일 안에 토리노에서 스
페인의 남부도시인 까요사까지 가야 했어. 토리노에서 떠난

날이 8월 첫날이었거든. 그래서 이 날 내 목표는 500킬로미터 떨어진 프랑스 남부의 몽펠리에였어. 다음으로 이동할 도시를 정할 때는 어디서 들어본 듯한 이름의 도시이거나 구글 지도에 비교적 가장 많은 길이 보이는 도시로 정했어. 왜냐고? 도시가 유명한 만큼 혹은 도로가 복잡한 만큼 많은 차가 다니니까 히치하이킹 하기에 좋거든.

토리노를 떠나 몽펠리에로 향하는 길에 처음 태워준 운전자는 부부였어. 이탈리안 아내와 벨기에 남편이었는데 아들이 내 나이 또래로 대학에서 한국인 룸메이트와 함께 생활하고 있었어. 그래서 아시아인은 착하고 안전하다(테러로부터)는 인식을 가지고 있어 날 태워주었다고 했어. 부부는 이탈리아 쿠네오Cuneo로 가는 길이었는데, 마을에 도착한 후 우리는 함께 서점에서 들러 책도 구경하고, 점심을 먹었어.

친절하게도 가는 길에 차를 태워주고, 점심까지 사준 것도 고마운데 부부는 심지어 주변의 차량 번호판을 보면서 사람들에게 날 태워줄 수 있는지 물어봐 주시기까지 했어. 쿠네오가 작은 도시여서 다른 도시로 이동하는 차량이 많지 않았는지 그들은 아쉬워하며 날 대형마트 앞에 내려주었어. 난 주유소를 앞에 내려달라고 했는데, 부부는 대형마트가 더 나을 거라며 마트 앞에 내려주었어. 굳이 대형마트에 내려준 이유는 이탈리아가 기름 값은 비싸지만 식료품 가격은 저렴해서 프랑스 남부로 가는 차량을 더 많이 만날 수 있기 때문이었어. 운 좋게도 그들이 떠나고 30분도 채 안 돼 프랑스

로 가는 운전자를 만날 수 있었어. 운전자는 유기농 레스토랑을 운영하는 프랑스인 아저씨로 식료품을 구매하고 돌아가는 길이라고 했어. 부부의 혜안은 정확했지! 그가 프랑스 니스까지 가는 길이라고 해서 난 목적지를 변경해서(이미 오후 네 시가 넘었거든) 220킬로미터 정도 떨어진 니스에 함께 갔어.

조선시대에 강원도 태백산맥을 달구지로 넘으면 이런 느낌이었을까? 안전벨트(전혀 그 어떤 안정감을 주지 못하는)가 무용지물인 트럭을 타고, 몇 개인지 셀 수 없을 정도로 많은 산을 넘으니 속이 울렁거리고 어지러웠어. 게다가 차도는 어찌나 좁은지 왕복 2차선인 데 정확히는 1차선을 반으로 어떻게든 나누어 쓰는 게 분명하다 느낄 정도였어. 차는 앞뒤로 가득하고, 터널은 공사하고, 우린 계속 경사면에 서 있는, 어지러운 상황이었어. 쉽게 말해 난장판.

터널 공사 구간을 통과하니 어느 정도 속도를 내기 시작했는데, 이게 더 나을 거라 생각한 건 내 착각이었어. 오히려 속도를 못 낼 때는 조심스럽게 운전을 했는데, 다들 기다리는 동안 에너지를 충전한 건지, 분노게이지를 채운 건지, 분노의 질주를 하기 시작했어. 물론 앞뒤 차량의 밸런스를 맞춰주려고 우리도 쌩쌩 달렸어. 다른 곳이라면 차선을 비켜주면 되겠지만 여기서는 그럴 수 없어. 좌측 엔 반대편 차가 빼곡하고, 우측은 낭떠러지였거든.

떨어질 듯, 부딪힐 듯 아슬아슬하게 운전하는 그를 보니 걱정이 절로 들어서 그에게 운전을 조심할 필요가 있다고 여러 번 이야기 했어. 하지만 그는 껄껄 웃으며 자기는 매번 이 길을 오가니 걱정할 필요가 없다고 했어. 자신은 베테랑 운전자니까 맛있는 유기농 과일이나 먹으며 절벽 아래 펼쳐진 모나코 해변을 구경하라고 했어. 그가 건네준 과일은 정말 맛있었지만(근데 진짜 인생 과일! 엄청 작은 납작 복숭아는 그 어떤 곳에서 먹은 것보다 달고 맛있었어. 포도도!), 모나코의 파란 바다에 비친 반짝이는 햇빛과 절벽에 오밀조밀 모여 있는 집도 정말 아름다웠지만, 아슬아슬한 느낌에 계속 뒷골이 서늘했는데 역시나, 쾅! 소리가 났어.

신명 나게 부딪힌 그 소리는 반대편 도로의 차와 우리 차의 사이

드미러가 서로 충돌하는 소리였어. 교통사고가 난 거지. 황당한 건 서로 설 수 없다는 거야. 설령 길을 걷다 어깨 부딪혀도 잠시 뒤를 돌아보거나 미안하다는 인사 정도는 하는데, 자동차끼리 충돌사고가 났는데도 불구하고 서로 차를 세울 수 없는 상황이었어. 우리도, 그 차 운전자도 서로 어떤 차와 부딪혔는지 평생 모를 거야 아마.

처음엔 놀랐고, 다음엔 황당하고, 그 다음엔 웃겼어. 걱정 말라고 호언장담하던 그의 말이 무색하게 몇 분이 채 지나지 않아서 이런 사고가 생기니까 어이가 없어서 웃기더라. 처음엔 놀라서 아무 말도 못하다가 나중엔 서로 눈빛을 마주치고 엄청 웃었어. 그도 아마 나와 같은 생각이었겠지?

사이드미러가 깨진 건 산을 내려올 때까진 큰 문제가 되지 않았는데, 니스 시내로 들어서면서 꼭 처리해야 하는 문제가 되었어. 산에서는 직진만 하면 되고(정확히는 외길이다 보니 길만 따라가면 되니까), 보행자가 없어서 괜찮았지만 복잡한 도심에서 사이드미러의 부재는 사고를 일으킬 수 있으니까 말이야.

결국 그는 아내의 손거울을 왼손에 들고 한 손으로 곡예 운전을 했어. 그의 곡예 운전에 우리는 둘 다 웃음을 참을 수가 없었어. 잠깐 괜찮아졌다 싶었는데 다시 웃음이 터졌어. 미친 것 같겠지만, 자동차 사고가 났는데 그냥 쿨하게 지나쳐야 하는 상황도 웃기고, 사이드미러 대신 아내 손거울을 들고 한 손으로 하는 운전이라니.

그의 레스토랑은 니스 해변까지 걸어서 삼 분 거리의 번화가에 있었어. 때문에 갈수록 보행자가 많아지면서 난 그의 사이드미러 역할을 대신해서 양 옆에서 갑자기 들어오는 차, 사람, 개, 토끼, 노루, 말, 닭, 외계인 등등 많은 위협을 주의 깊게 보았어. 다행히 그 어떤 사고도 일어나지 않고 무사히 잘 도착할 수 있었지.

차에서 날 내려주면서 그는 자신의 레스토랑을 구경하고 가라고 했어. 그의 레스토랑을 구경하면서 난 그에게 집으로 날 초대해줄 수 있는지 조심스럽게 물었지만, 그는 아내와 아들이 있어서 어려울 것 같다며 정중히 거절했어. 하지만 다음 날 꼭 자기 레스토랑에 와서 식사했으면 좋겠다고 했어. 다행히 호스트를 쉽게 구할 수

있었고 호스트 필립^{Philippe}의 집과 그의 레스토랑은 엄청 가까워서 다음날 레스토랑에 들렀어. 그의 가족들은 내 이야기를 이미 들었는지 날 환한 미소로 반기며 인사했고 난 그의 아들과 함께 식사했어. 그의 아들은 내 또래 대학생이었는데, 한국의 문화, 예술, 전쟁 등 다양한 분야에 관심이 있어서 대화도 음식도 풍요로웠어. 그는 특히 한국의 3대 문화(내가 정한)에 큰 충격을 받았어. 24시 배달서비스와 인터넷속도 그리고 치안! 난 이 세 가지가 그 어떤 나라보다 우수한 한국의 문화라고 생각하거든.

레스토랑은 연구실을 연상케 했는데, 와인을 보관하는 통은 입구를 파이프 라인으로 연결해 마치 생맥주 호스를 다섯 배정도 크고 길게 늘린 것 같았어. 그리고 한쪽에는 와인병이 찬장 가득 하고, 가게 곳곳에는 유기농 곡식과 야채가 가득했어.

그는 날 위해 파스타와 와인을 내주었는데 유기농 재료만 사용한다는 그의 음식은 그가 호언장담한 만큼 정말 신선하고 맛있었어. 그가 직접 만들었다는 와인 또한 와인 특유의 쌉싸름한 맛이 전혀 느껴지지 않을 정도로 깔끔했어. 니스에서 유일하게 아쉬웠던 건 이때 내가 여행 중 유일하게 복통으로 고생을 심하게 해서 이 와인을 한 병 다 마시지 못한 거야(그만큼 와인과 음식이 훌륭했어)!

그와 그의 가족과 사진을 찍고 작별인사를 나누며 그에게 사이드미러는 어떻게 됐냐고 물어보았어. 그는 다음 날 수리했다고 했다고 말하고는 멋쩍게 웃었어. 그 멋쩍은 웃음은 니스의 보물이라 불리는 사파이어 색의 바다보다 더 'Nice'했어.

니스의 바다는 정말 아름답지만 정말 차갑고 물이 순식간에 깊어져. 바다수영에 자신 없는 편이라면 너무 깊게 들어가지 않도록 주의해야 해. 나처럼 바다를 좋아한다면 '아쿠아슈즈'를 꼭 챙겨가는 걸 추천해! 맨발로 다니다 다치기라도 해서 병원에 간다면? 어휴, 몸과 마음은 물론, 큰 병원비 때문에라도 귀국해야 할 거야. 바다는 위험하니까 조심, 또 조심!

광란의 트럭질주 끝에 도착한 지로나, 결국 노숙이 답이다

| '시작보다 끝이 중요하다'는 말을 프랑스 니스를 떠나 스페인 바르셀로나로 떠나는 날 깨달았어. 상반되는 두 상황을 한 날 겪어서 확실히 피부에 와 닿았거든.

니스는 나에게 조금 아쉬운 도시야. 니스에 도착한 날부터 떠나는 날까지 매일 복통이 심해서 고통스러웠거든. 니스에서는 3일을 보냈지만 원래 계획은 하루만 보내고 다음 날 떠나려고 했어. 하지만 심한 복통 때문에 히치하이킹은 물론, 걷는 것조차 힘들어서 호스트인 필립Philippe에게 며칠 더 지내도 되는지 물어보았는데 다행히 그는 몸이 다 나을 때까지 있어도 된다며 흔쾌히 허락했어. 덕분에 이틀 동안 그의 집에서 쉬면서 몸을 추스를 수 있었어.

이틀이나 지났지만 복통은 나아지지 않았어. 하지만 약속된 일정(워크캠프)을 어길 순 없잖아? 그래서 3일째 되던 날 아침, 일단 스페인으로 떠나기로 마음을 먹었어. 떠나는 날 아침 여섯 시 반에 일어나서, 복통으로 여전히 고통받는 아픈 몸을 이끌고 필립의 집을 나서다가 필립에 대한 생각을 다시 하게 되었어.

필립은 매일 훌륭한 식사를 만들어주고, 편안한 잠자리를 제공해 준 좋은 호스트야. 자신의 가게를 운영하기에 낮에는 게스트들이 편하게 다닐 수 있도록 키를 주고, 저녁에는 항상 로제와인을 곁들인 훌륭한 요리를 만들어 함께 나누어 먹었어. 이처럼 그는 확실히 친절했지만, 그와의 생활은 그리 편하지는 않았어. 그는 게이인데 여행에서 나에게 노골적인 관심을 보이며 때로는 불편한 대화를 이끌어 나가는 등 불편한 상황을 만든 최초의 카우치서핑 호스트였거든.

고마움이 가득한 것은 사실이지만 이런 일을 몇 번 겪고 나니 찝찝한 것도 사실이었어. 하지만 내가 떠나는 마지막 날까지도 아침 식사를 챙겨주고, 두고 가는 물건이 없는지 잘 챙기라고 말하며 배웅하는 그의 모습을 보자 나빴던 기억은 옅어지고 그의 따뜻한 마음에 눈물이 핑 돌았어. 니스에 도착한 당일에 급하게 보낸 내 초대 요청에 수락해주고, 항상 맛있는 식사와 와인을 준비해준 그의 모습만 봐도 그는 충분히 선량하고 고마운 사람임에 틀림없었지.

그의 마지막 배웅에 나쁜 기억을 싹 잊고 다시금 그에게 고마움을 느끼며 가벼운 포옹으로 고마움을 전하고 집을 나섰어.

니스를 떠나 다른 도시로 향하는 도로는 해안도로여서 사파이

어처럼 파란 바다를 보는 즐거움은 가득했지만 히치하이킹을 하기에는 적합하지 않았어. 몸도 좋지 않은데 설상가상으로 차들도 거의 설 생각이 없어 보였어. 제대로 서 있기조차 어려울 정도로 복통은 점점 심해져서 최대한 빨리 어디든 가고 싶었어. 계획대로라면 이미 전 날 스페인에 도착했어야 하는 상황이었는데, 몸이 아파서 니스에서 계획보다 오래 머물다 보니 가야 할 길이 멀었지. 그래서 꼭 이 날은 스페인까지 가겠다고 마음을 먹었어. 다행히 두 번의 히치하이킹으로 도착한 곳은 꽤 좋은 주유소였어.

두 번째 탄 차의 운전자는 영어는 전혀 할 줄 모르는 프랑스인이었는데, 서로 말은 통하지 않았지만 손짓 발짓으로 대화를 했고 다행히 그는 내 의도를 정확히 파악해서 휴게소까지 태워주었어. 여행한 지 40일 정도 지나니까 언어가 달라도 좀 괜찮게 대화를 하는 것 같았어. 어떻게 자부하냐고? 그는 내가 점심을 먹지 않은 걸 눈치채고는 샌드위치와 음료수까지 사주었을 정도인걸! 이번 여행에서 먹는 것과 원하는 곳에 도착하는 것, 이 두 가지에 차질만 없으면 성공적인 소통으로 자부해도 괜찮잖아?

그가 내려준 휴게소에서 한 시간도 채 지나지 않아 10톤 트럭을 몰던 에스파뇰이 '바르셀로나Barcelona'가 적힌 피켓을 보더니 타라며 손짓했어. 하지만 그 또한 영어는 전혀 하지 못하는 40대 중반쯤 되어 보이는 트럭 운전사였어(그의 입장에선 내가 스페인어는 인사밖에 할 줄 모르는 멍청이었겠지). 난 그와 드라이브하며 나의 스페인 사랑을 이야기하고 싶어서 몇 번의 대화를 시도했지만 그는 딱히 운전을 제외하고는 관심이 없어 보여서 소통이 힘들었어. 하지만 소통보다 더 힘들었던 것은 그의 운전 솜씨였어. 바다에 잭 스패로우가 있다면 도로에는 그가 있달까? 그는 여러 가지 운전 묘기를 보여주었는데, 전체적으로 한국에서는 보기 힘든 에스파뇰 감성운전이었어. 운전 자체가 센세이션 했거든.

우선, 창문을 최대한 열고 고속도로를 달렸어. 이게 뭐가 센세이션이냐고? 10톤 트럭의 창문의 크기가 내 몸보다 컸어. 그는 나를 날려버리고 싶었던 건지, 한 여름 더위를 날려버리고 싶었던 건지 내 쪽 창문도 끝까지 내려주었는데, 덕분에 난 안전벨트가 유효한지 수시로 확인해야 했어.

보통은 차에 타면 사진도 찍고, 가방을 정리하기도 하는데 그의 차 안에서는 불가능했어. 양 손 모두 손잡이를 잡고 있지 않으면 몸이 상하좌우로 쉴 새 없이 움직여서 신장개업한 가게 앞의 긴 풍선처럼 의지와 상관없이 흐느적거렸거든. 사람은 적응하는 동물인지라 조금 지나니까 괜찮아지는 듯했어. 하지만 그의 차를 탄지 두 시간쯤 지나고 더 큰 위기가 찾아왔어. 그것은 바로 '비'.

비가 오기 시작한 거야. 처음에는 한두 방울 정도 내리던 비가 나중에는 거의 앞이 보이지 않을 정도의 큰 폭우로 변했어. 그런데 신기하게도 그는 전혀 창문을 올리지 않았어. 그 탓에 우리는 모두 폭우를 정면으로 돌파했어. 적당히 맞은 게 아니라 속옷까지 모두 젖을 만큼 심하게 비를 맞고 나니 창문이 고장이 난 게 아닌가 의문이 들기도 했는데, 나중에 밤이 돼서 벌레가 들어오니까 창문을 닫는 걸 보고 아니라는 걸 알았어.

폭우는 좀처럼 그치지 않았고 거울에 비친 내 모습은 거의 울고 있더라. 오열 수준. 하지만 나약한 나와는 다르게 비와 운전을 모두 즐기는 그의 모습은 마치 포세이돈 같았어. 에스파뇰하면 신나는 라틴음악이잖아? 그는 비뿐 아니라 음악도 즐길 줄 아는 사나이였는데 스피커의 한계를 시험하고 싶은 건지 아니면 그가 오늘 집에서 보청기를 두고 온 건지 모를 정도로 볼륨을 높인 음악을 들으며 달렸어. 눈만 감으면 풀파티Pool Party하는 이비자 클럽의 대형스피커 앞에 앉아 있는 것 같았어. 성향이 조금 다를 뿐이지 그는 마음씨 따뜻한 좋은 사람이어서, 피곤하면 눈을 좀 붙이라고 권하기도 했어. 니스에서부터 몸이 몹시 아팠는데도 불구하고 이상하게 복통은 전혀 느껴지지 않았으며 잠 또한 오지 않더라.

나에게만 친절한 그는 자신의 트럭을 제외한 다른 차가 자신을 앞지르는 걸 용납하지 않았어. 그의 앞을 막을 수 있는 건 오직 휴게소뿐이었지. 그의 앞을 막는다는 건 도로 위에서 있을 수 없는 일 같았어. 앞의 차량이 조금만 늦게 비키면 일단 누르고 보는 경적과 에스파뇰 욕으로 상대를 제압했어. 그리고 상대가 속도를 올려 맞서려 하면 더 속력을 내는 그의 모습에 어떤 누구도 보복운전 따위는 시도조차 할 수 없었지.

그 덕분에 한 가지 배운 게 있는데, 도로 위에선 차가 큰 사람이 더 세다는 거야. 아무리 좋은 세단이나 고급 스포츠카 운전자도 그와 맞서지 못하는 모습을 보며 큰 차가 진리라는 걸 깨달았어. 내 첫 차는 15톤 트럭으로 해야 할까 봐.

이렇게 열심히 달렸지만 프랑스 니스에서 스페인 국경을 넘는 데는 여섯 시간이 넘게 걸렸어. 때문에 밤 열 시가 넘어서야 스페인에 도착할 수 있었어. 언어가 다르고 말이 통하지 않아서 이상한 곳에서 내려주면 어쩌나 싶었는데 예상처럼 그는 멋지게 날 이름 모를 곳에 내려주고는 그의 길을 떠났어. 그가 내려준 곳은 바로 고속도로 톨게이트!

구글번역기를 써서 그가 가는 도시까지 태워달라고 말했지만 그는 여기서 내려야 한다고 강하게 말하며 차 문을 열었고 난 몹시 당황했어. 억양이 강한 스페인어 특성을 알지만 윽박지르듯 거칠게 말하는 그의 말투에 놀라기도 했고 서운함이 컸어. 게다가 떠나는 트럭의 뒷모습을 바라보니 처음에는 그렇게 좋은 사람같았는데 순식간에 날 두고 떠나 가버린 무책임한 사람으로 느껴졌어. 이 때문에 첫 만남도 중요하지만 마지막 순간의 마무리가 더 중요하다는 걸 깨달았어.

필립과 트럭운전자 모두 좋은 사람이지만 어떻게 마무리하느냐에 따라 그 사람을 기억하는 모습이 달라짐은 부정할 수 없었어.

톨게이트 주변을 돌아다녔지만 차도 없고, 사람도 없기에 상황

은 절망적이었어. 게다가 밤 열한 시에 히치하이킹을 한다고 세워줄 것 같지도 않았어. 일단 주변을 돌아보며 노숙하기 괜찮은 장소를 찾아봤지만 온통 풀숲이었어. 혹시 다른 도시로 가는 차량이 태워줄지도 모른다는 희망을 가지고 히치하이킹을 시작했어. 주변이 온통 풀숲인 톨게이트 주변에서 노숙하는 건 이미 샤모니 몽블랑에서 배운 교훈 덕분에 하지 않기로 마음을 먹어서 설령 아침까지 있어야 한다면 밤을 꼬박 새울 생각이었지.

밤 열한 시에 세워주는 차가 있었을까? 낮에도 잘 태워주지 않는데 밤은 당연히 더 힘들 거라 생각했어. 어쩔 수 없는 상황이기에 히치하이킹을 하긴 했지만 될 거라는 생각보다는 안 될 거라는 생각이 더 강했던 게 사실이야. 실제로도 톨게이트를 지나가는 운전자들에게 아무리 외쳐도 창문조차 열어주지 않았지. 차량은 10분에 한 대 정도밖에 오지 않았고 열두 시 반이 넘어서 '저 차를 마지막으로 안 되면 내일 아침에 일찍 다시 시작하자'고 생각하고 히치하이킹을 시도했는데 이 차가 날 태워주었어! 밤 열두 시 반에!

톰Tom과 산드라Sandra는 장거리 커플인데 톰이 여행을 마치고 공항에 도착해서 산드라가 데리고 오는 길에 어디로 갈지 고민하던 중 날 발견했어. 이들은 창문을 열고 내 이야기를 듣더니 자신들은 바르셀로나가 아닌 다른 도시로 갈 예정이라 근교 도시인 지로나Girona까지 데려다 주어도 괜찮겠느냐고 물었어. 어차피 무척 큰 도시인 바르셀로나에서 노숙하는 건 어려울 것 같았고, 지로나가 가깝기도 해서 좋다고 말했어.

오랜만에 만나 시간이 금과 같을 텐데도 그들은 지로나에 도착해서도 내가 갈 만한 곳을 찾아주려고 했어. 그러고는 24시간 운영하는 맥도날드를 찾아 내려주었어. 야밤에 차를 태워준 것만으로도 충분히 고마운데 자신들이 더 열정적으로 내가 오늘 밤을 보낼수 있을 곳을 찾아주더니 심지어 햄버거까지 사주고는 손을 꼭 잡고, 힘내서 여행을 잘 마치라고 인사하고 떠났어.

톰과 산드라 덕분에 톨게이트에서 노숙도 피할 수 있었고 배부르게 음식도 먹을 수 있었어. 하지만 24시간이라던 맥도날드는 새벽 한 시가 되니 청소를 시작해서 나갈 수밖에 없었어. 갈 곳이 없어

주변에서 가장 좋은 노숙 장소를 찾아보니 2킬로미터 떨어진 곳에 대학교가 있어서 그곳으로 향했어. 방학 기간이라 대학교에는 사람이 별로 없을 것이고 치안도 좋을 거라 생각했거든. 가는 길은 시골길이어서 귀신이라도 튀어 나올 것 같았지만 다행히 학교는 예상대로 사람은 없고 넓었어. 건물들을 돌아다니며 빈 건물의 문이 열린 곳을 확인하다 운 좋게도 한 건물의 계단과 계단 사이에서 충분히 잘 수 있을만한 공간을 찾았어. 새벽이었지만 스페인의 새벽은 꽤 더워서 침낭을 덮진 않고 매트리스처럼 깔고 모든 짐을 기둥에 묶고 잠을 잤어.

공항노숙은 노숙이라 말하지 않기에(거긴 안전하고, 많은 사람들이 잠을 자니까) 이 날이 공식적인 이번 여행의 첫 노숙이었어. 생각보다 무섭지도 겁나지도 않았어. 도로변이 아니었기에 더욱 그랬을 수도 있고, 사람들이 없어서 그랬던 것 같아. 만약 치안이 좋지 않았다면 노숙을 생각하지도 않았을 거야. 단지 아쉬운 점은 여행 중 깨지지 않던 무^無 노숙 여행이 깨진 것이 조금 아쉬웠어. 여행을 하면서 매일은 사람들의 초대를 받으며 잘 수 있을 거라 생각했거든! 세상에는 날 도와줄 사람이 충분히 많다는 걸 많은 도시에서 알게 되었으니까.

100만 원으로 여행할 수 있는 꿀팁 24.

영어를, 아니 언어를 잘해야만 이런 여행을 할 수 있는 게 아니라는 건 보면 알 수 있지? 하지만 확실히 영어나 현지 언어를 유창하게 한다면 여행에 큰 도움이 돼. 만약 트럭 안에서 스페인어로 대화했더라면 노숙을 피할 수 있지 않았을까? 유창하지는 않더라도 최소 현지어로 인사와 감사 표현 정도는 외우고 가길 바래! 우리도 한국어로 "안녕하세요!"를 외치는 외국인이 더 친근하고 반갑듯 유럽인도 그런 여행자를 더 반갑게 대해.

에피소드 25.
단지 성적 취향이 다를 뿐이야.
게이 친구 존

| 여행을 떠나기 전까지 공식적으로 주변에 자신이 게이^{Gay}(남성 동성애자)라고 커밍아웃^{Coming Out}(성소수자가 스스로 자신의 성 정체성을 드러내는 것)을 한 친구는 한 명도 없었어 (지금도 커밍아웃한 한국인 친구는 없어). 주변도 그렇고 나 또한 여성을 좋아하는 스트레이트^{Straight}(이성애자)이기에 게이 친구에 대해 아는 것이 없었어. 솔직히 말하면 게이 친구에 대한 무시무시한(?) 일화만 듣다 보니 거부감이 조금 있었어. 하지만 여행을 마치고 돌아온 후 다양한 나라의 게이 친구가 생겼고, 가지고 있던 기존의 인식과 고정관념을 확실해 깼어. 여러 나라에서 만난 게이 친구 중 존^{John}은 새로운 관점으로 게이를 바라보게 한 가장 특별한 친구야.

밤 열한 시에 스페인 국경의 이름 모를 톨게이트에 내려야 했고, 예정에 없던 지로나에 도착해 첫 해외 노숙을 하고 난 다음 날, 아침 일찍 바르셀로나로 이동하려다 지로나에 온 김에 도시구경을 하기로 마음먹었어.

지로나는 바르셀로나 근교의 작은 소도시여서 관광객은 그리 많지 않은 편이야. 현지인 또한 적어서 길거리가 몹시 한산했어. 때문에 길거리의 현지인에게 말을 걸어 집에 초대받으려고 한 1차 목표는 어려울 것 같았어. 그래서 함께 시간을 보낼 친구를 찾았고 카우치서핑으로 존을 만났어.

처음 존과 메시지를 주고받을 때 난 그가 게이라는 사실을 몰랐어. 존이 자신이 게이라는 사실을 말하지 않았거든. 그는 아마도 딱히 말할 필요가 없다고 생각한 것 같아. 난 평소 눈치도 빠른 편이기도 하고 브뤼셀에서도, 파리에서도, 니스에서도 이미 게이 호스트의 초대를 받아 함께 생활해봤기에 첫 만남에 눈치를 채는 편인데 이상하게도 존의 집에 도착할 때까지도 그가 게이라는 걸 몰랐어.

그의 집에 도착해서 짐을 풀고 함께 저녁식사를 준비하면서 존이 자신의 전 '남자'친구X-Boyfriend를 불러도 되겠냐고 물어보았어. 흠잡을 데 없이 깔끔하게 정리된 집과 섬세한 손짓. '아!' 그제야 존이 게이임을 암시하는 것들이 눈에 보였어.

왜 쉽게 눈치 채지 못했냐고? 첫 만남부터 존은 오랜 친구를 대하듯 편한 말투로 평범한 이야기를 하고 성적인 이야기는 전혀 하지 않는 데다가, 쓸데없는 스킨십도 하지 않았거든. 그리고 보통 게이 호스트들은 만나기 전에 자신이 게이라는 사실을 알고 오라고 미리 말을 하는 편이야. 불편할 수 있는 상황을 사전에 방지하는 거지. 모르고 만났을 때 서로 오해할 수 있으니까. 하지만 존은 그럴 필요가 전혀 없었어. 애초부터 나한테 그런 감정을 느끼지 않기도 했고(내가 그의 취향이 아니었나 봐), 서로의 성적 취향이 다르다는 이유로 불편할 게 하나도 없었거든!

존과 존의 전 남자친구와 저녁을 먹으며 여행과 요리이야기를 했는데, 웬만한 스트레이트보다 섬세한 친구들이다 보니 거의 전문가 수준으로 세세하게 이야기할 수 있었어. 그리고 전혀 '게이'와 관련된 이야기는 하지 않았어. 보통은 게이 친구들과 이야기할 때면 대화의 초반에 자신이 게이라는 사실과 자신만의 가치나 견해를 이야기해서 부담이 되는 경우가 많았는데, 그는 전혀 게이와 관련한 이야기를 하지 않았어. 오히려 케이팝과 아이돌을 손과 발과 의태어, 의성어를 사용하며 설명한 내 모습을 본 존과 그의 전 남친이 거북하지 않았을까? 케이팝 문화를 설명하려고 시작한 아이돌 이야기는 내 묘사로는 불가능해서 결국 유튜브 보여주니까 이해하더라.

나와 영상 속 아이돌과의 비주얼과 춤의 간극을 확인하고 두 사람이 얼마나 웃던지……. 나까지 어이없어서 웃게 되더라. 내가 그렇게 춤을 못 춘단 말이야?

존과의 생활은 친한 룸메이트와 생활하는 것처럼 편안했어. 내가 그를 좋은 사람이라 생각한 것처럼 그도 날 정말 특별하게 생각

했는지 친구들을 소개시켜주었어(아, 물론 그냥 친구로서!). 놀란 건 존의 친구들도 성적취향이 비슷했어. 펍^{Pub}에서 존의 친구들을 만 났는데, 전부 레즈비언^{Lesbian}(여성 동성애자)과 게이 친구들이었거 든.

첫 만남은 당황스럽긴 했어. 한 명씩 도착할 때마다 서로 입을 맞 추며 인사하는데 그 모습이 익숙하지 않았거든. 우린 친한 친구가 왔다고 해도 남자친구끼리, 혹은 여자친구끼리 입을 맞추며 인사 하지 않잖아. 하지만 성적 취향과 상관없이 이 친구들 역시 존만큼 이나 사람을 편하게 만들어주는 친구들이었어.

워낙 성격도 좋고 어떤 이야기를 해도 웃음으로 잘 풀어내는 그들을 보고 용기를 내 조심스럽게 게이와 레즈비언에 대한 기존의 내 인식과 입장을 이야기했어. 여행을 떠나기 전까지만 해도 그리 호의적이지 않았지만 너희들을 보면서 생각이 바뀌었다고 말이야. 그리고 궁금한 것을 물어보았어.

"난 스트레이트이고, 내 주변에서는 커밍아웃을 한 친구가 없어서 이 상황은 처음 있는 일이야. 솔직히 말하면 여행을 떠나기 전에는 그다지 게이에 대한 인식이 좋지 않았어. 안 좋은 이야기를 많이 듣기도 했고, 나와는 성적취향이 다르니까. 요즘은 꽤 많아졌지만 아직도 사람들의 시선이 좋지 않은데, 너희는 커밍아웃을 하고 나서 주변 사람들의 따가운 시선이나 행동이 힘들지 않았어?"

대화는 즐겁고 좋았지만 여자친구의 무릎에 여자친구가 앉아있고, 남자와 남자가 팔짱을 끼며 서로를 따뜻한 시선으로 바라보는 모습을 바라보는 것은 딱히 유쾌한 기분이 들거나 로맨틱해 보이지는 않았거든. 그랬더니 다들 빙그레 웃으며 충분히 이해한다고 했어. 친구들은 아직도 게이나 레즈비언에 대한 인식이 좋지 않은 것은 사실이라며, 때문에 커밍아웃을 하고 난 후 친구들이 많이 떠나기도 했고 주변에서 노골적으로 불편해하는 사람도 많이 만났다고 했어. 그래서 공공장소에서 타인에게 불쾌감을 주는 행동은 자제하지만, 평범한 이성끼리 하는 행동까지 게이라는 이유로 이상하게 보는 건 그들의 생각에서 나오는 불편함이 문제지, 자신의 잘못은 아니라고 했어. 이 친구의 관점으로 상황을 다르게 바라보니 이들이 동성애자라는 사실이 나에게 피해를 주는 것도 아니고,

내 일도 아닌데 왈가왈부하는 것 자체가 그들의 문제가 아니라 나 자신에게서 기인하는 문제라는 생각이 들었어.

"우린 단지 이성이 아닌 동성에게 끌리는 것뿐이야. 성적호기심 이 다른 것뿐이지. 게다가 남자라고 모두 관심이 있는 건 아니야. Sun! 넌 내 취향이 아니거든. 하하"라며 재치 있게 마무리하는 이 친구 덕분에 모두 웃으며 대화를 마무리했어. 어쩌면 이런 민감한 질문이 분위기를 딱딱하게 만들 수도 있고, 어리석은 질문을 한 나 에게 면박을 주어 무안하게 할 수도 있었는데, 감정을 어루만지며 센스 있는 답변으로 소신껏 이야기해주는 친구들 덕분에 다양한 관점도 생기고 동성애자에 대한 내 인식도 바꿀 수 있었어.

이틀 동안 불편한 상황이 올지도 모른다고 생각했었는데, 친구들과 함께 드라이브와 수영을 하고, 집에서 케밥을 만들어 먹고 놀면서 단 한번도 그런 상황은 오지 않았어. 그건 내 고정관념에서 나온 헛된 망상이었어. 오히려 섬세하게 잘 챙겨주는 친구들 덕분에 마음도 몸도 더 편한 여행이 되었어.

성^{Sex}에 관한 대화를 하면 불편할 것 같았는데 전혀 그렇지 않았어. 존과 친해지고 그와의 생활이 편해지면서, 우리는 자연스럽게 서로의 성에 대해 그리고 이성에 대해 이야기했어. 동성애에 대한 질문에 뭔가 특이한 답변은 없었어. 어떤 사람에게 매력을 느끼는지 물어보면 난 이상적인 여성을 이야기하고 존은 이상적인 남성을 이야기하는 것만 다를 뿐이었지. 내가 긴 생머리를 좋아한다고 말하면 그는 단발머리가 좋다고 말하는 것처럼! 존은 이성애자를 존중했고 나 또한 동성애자를 존중하면서 대화하다 보니 마음이 편했어.

함께 생활하면서 혹여 내가 불편함을 느낄까 걱정돼 자신의 방과 침대를 내주고 자신은 거실 소파에서 자겠다고 말하는 존인데, 그가 게이라는 사실이 더 이상 뭐가 중요하겠어! 괜찮다고 아무리 말해도 자신은 소파가 더 편하다며 손님은 침대에서 편히 자라고 말하는 배려는 그를 이성애자들보다 더욱 빛나게 했어.

존을 만나고 난 이후로 한국에서 사람들이 게이에 대해 어떻게 생각하냐고 물어보면 난 이렇게 답해.

"그들도 똑같은 친구야. 그가 게이이든 아니든 그건 중요하지 않아! 그들은 단지 성적 취향만 다를 뿐이야. 네게 피해만 주지 않는다면 상관없잖아! 게다가 네가 그의 타입이 아닐 수도 있는걸?"

100만 원으로 여행할 수 있는 꿀팁 25.

세계적으로 유명한 도시는 볼거리도 많고, 즐길 거리도 많아서 좋은 도시임에는 틀림없어. 하지만 대부분 그만큼 물가도 높은 편이야. 이럴 때 근교 도시나 혹은 유명하지 않은 도시로 눈을 돌려보는 건 어때? 보고 즐길 거리도 유명 도시 못지않게 많으면서 물가는 저렴한 도시들이 많아. 지로나도 그런 도시 중 하나야. 앞에서도 말했듯 지로나는 바르셀로나 근교인데 그리 많이 알려진 도시는 아니야. 그래서 거리에서 현지인과 대화를 하고 집 초대를 받거나 카우치서핑의 호스트에게 초대를 받기 더 유리해. 노숙을 하더라도 사람이 없어서 오히려 더 안전하기도 하고!

에피소드 26.

밤하늘을 수놓은
수천 개의 별과 별똥별 여행

│동네에서 밤하늘을 바라보면 육안으로 별이 몇 개나 보여? 난 27년을 도시생활만 해서(나름 도시인 자랑) 밤하늘에서 볼 수 있던 별의 수는 많아야 열 개 남짓했어. 그나마도 청주에서 화성으로, 화성에서 서울로 이사하면서 그 수도 줄어들었지.

뉴스에서 역대 최대의 별똥별 쇼가 펼쳐진다는 날에 밤새 옥상에서 기다린 적도 있었는데, 별똥별은커녕 달도 제대로 안 보이는 하늘만 보다 실망만 하고 돌아왔어. 그런데 청주보다, 화성보다, 서울보다 더 큰 도시인 바르셀로나에서 수천 개의 별을 봤다면 믿을 수 있겠어?

존은 지로나를 떠나는 나에게 9유로를 손에 쥐어주며 바르셀로

나까지 꼭 기차를 타고 갔으면 좋겠다고 했어. 이제까지 히치하이킹으로 힘들게 왔으니 지로나에서 바르셀로나까지는 조금이라도 편하게 가길 바란다면서. 지로나에 도착한 날 노숙한 이야기가 착한 존의 마음에 많이 걸렸는지 몇 번이나 기차를 타고 가길 당부했어.

존이 몇 번이나 당부하기도 했고, 여행의 반을 아무 탈 없이 잘 해낸 나에게 선물을 주고 싶어서 이 날은 아침 여덟 시에 기차를 타고 바르셀로나 산츠역으로 향했어. 산츠역에 전날 이메일로 자신의 집에 날 초대한 마넬Manel이 마중 나오기로 했거든. 마넬은 카우치서핑을 통해 지낼 곳을 구하는 내 프로필을 보고는 특이하게도 카우치서핑이 아닌 이메일을 보냈어. 여행을 하는 동안 항공권을 확인할 때를 제외하고는 메일 확인을 하지 않았는데 신기하게도 지로나에서 무언가에 홀린듯 확인한 메일함에서 마넬의 초대메일을 확인할 수 있었어. 덕분에 지로나를 떠나기 전날, 마넬과 연락해 산츠역에서 만나기로 약속했고, 약속대로 마넬은 산츠역에 미리 도착해서 기다리고 있었어. 산츠역에서 마넬의 집은 멀지 않아 점심시간도 훨씬 전에 그의 집에 도착해서 짐을 풀었어.

마넬은 내가 평범한 관광객처럼 바르셀로나의 유명 관광지를 다닐 거라 예상했나봐. 그래서 짐을 풀고 나서 가고 싶은 대로 다니다 오고 싶을 때 돌아오라고 말했지. 하지만 그러는 건 이젠 재미 없잖아? 그래서 그에게 함께 시간을 보내고 싶다고 말했어. 그는 사그라다 파밀리아도 구엘공원도 가지 않아도 괜찮다는 내 대답에

약간 놀라며(어디든 비슷한 반응이지) 그럼 밤에 별을 보러 가는 건 어떻겠냐고 제안했어.

'Shouting Star(별똥별)'를 보러 가자고 한 그의 말에 처음엔 귀를 의심했어. 그리곤 잘못 들었나 싶어서 다시 물어보았지. 그는 확실히 몇 번이나 Shouting Star가 맞다며 저녁 늦게 출발할 테니 조금 자는 게 좋다고 했어.

별똥별이라니……. 한국에서 뉴스에 속아 별똥별을 보겠다고 옥상에서 보낸 시간만 몇 시간인데, 또 속을까 봐? 그가 허언증이 있는 게 아니길 간절히 바라며 저녁이 되기를 기다렸어.

마넬의 집에 도착했을 때 그의 가족은 이미 내가 올 걸 알고 있었

어. 할머니, 아버지, 어머니, 누나는 비쥬(양 볼에 번갈아 키스하는 스페인식 인사)를 하며 몹시 반겨주었고, 먹기 어렵다는 스페인 정통 가정식을 만들어 함께 나누어 먹었어. 집 구경도 하고, 디저트를 먹으며 이야기를 하다보니 별을 보러 가기로 한 시간이 금방 다가왔어.

별을 보러 떠나기 전에, 점심식사를 하면서 가족들이 해준 마넬의 한국 여행 이야기를 들려줄게! 내가 도착했을 때 가족들이 미리 알고 환영해주었다고 했잖아? 마넬의 초대메일에 답장을 전날 저녁에야 해서 가족들도 늦게 알게 되었는데, 다들 환대해주어서 이런 일이 잦은 건가 싶었어. 하지만 마넬이 손님을 초대할 때는 보통 가족들에게 최소 일주일 전에는 말을 하는 편이라고 했어. 그런데 가족들은 어제 갑자기 손님을 초대하겠다고 해서 그 손님이 '한국인'이겠구나 싶었대. 왜 아시아인도 아니고 꼭 '한국인'이기에 예외였는지 궁금했는데 마넬의 한국 여행 이야기를 듣고 이해할 수 있었어.

마넬은 8년 전(2009년) 아시아 여러 나라를 여행하고 마지막 여행지 한국에 도착했어. 한국에서 3주간 시간을 보냈는데, 일주일은 서울에서 보내기로 했지.

하루는 마넬이 혼자 광화문을 구경하고 세 시간 뒤쯤 다시 광화문 앞으로 돌아와서 저녁을 어디서 먹을지 고민하고 있는데 갑자기 어떤 한국인이 말을 걸며 이렇게 말했대.

"너 길을 잃었구나? 아까 세 시간 전에 회사에서 널 봤는데, 아직도 여기 있네? 내가 도와줄게!"

"어? 나 길 안 잃었는데? 그냥 레스토랑을 찾고 있었어." 당황한 마넬이 대답했어. 하지만 그는 당황하지 않고 이렇게 말했다고 해.

"그래? 그럼 이것도 인연인데 내가 좋은 레스토랑을 아는데 같이 갈래? 내가 사줄게!"라며 마넬을 데리고 레스토랑으로 갔대.

이렇게 이름 모를 사람에게 저녁을 얻어먹고 함께 관광지를 다니면서 한국은 조금 신기한 곳이구나 싶었대. 그리고 여행하다가 전주에 도착해 한옥마을을 혼자 걷고 있는데 이번에는 어떤 한국인이 자신의 집에 초대하더니 전주 전통 가정식을 대접하고 집에서 재워주기까지 한 거야. 마넬은 이게 한국의 문화인가 싶었대. 다른 도시에서는 경험할 수 없던 새로운 경험이었지.

정말 놀라운 빅 이벤트는 따로 있어. 스페인 바르셀로나로 귀국하는 날 문제가 생겼거든. 바르셀로나와 서울의 시차는 일곱 시간이야. 서울이 일곱 시간 빨라. 그런데 마넬이 시차를 잘 이해하지 못해서 비행기가 떠나고 다음 날에서야 공항에 왔어. 100만 원이 넘는 비행기 표를 다시 발권해야 하다니! 비행기 연착도 아니고 전 날 도착한 것도 아니고 완전한 자기 잘못이다 보니 어디다 하소연도 못하고 그렇다고 새로 발권할 돈이 있는 것도 아니어서 마넬은 망연자실하며 머리를 쥐어 잡고 의자에 앉아 있었어. 그런데 이 모습을 본 한국인 아저씨가 다가와 무슨 일이냐고 물었대.

그는 시차를 착각해서 표를 새로 사야 하는 자신의 상황을 이야기했는데, 갑자기 아저씨가 표를 잠시 가져가더니 공항카운터로 가서 직원과 이야기를 나누기 시작했대. 30분 뒤, 아저씨는 방긋 웃으며 한 손에 새로 발권한 티켓을 흔들며 그에게 돌아왔다고 해. 50대가 넘어 보이던 한국인 아저씨의 모습이 우리에게는 아재겠지만, 마넬은 마치 천사 같았다고 했어. 100만 원이 넘는 항공권을 새로 사야 하는 이런 상황이라면 충분히 그럴 만하잖아? 티켓을 전해주고 아저씨는 조심히 돌아가라는 말만 남기고 사라졌대. 아저씨가 새로 돈을 주고 발권을 한 건지, 항공사 직원에게 어떻게 이야기했는지는 나도, 마넬도 잘 몰라. 확실한 건 그는 마넬에게 최고의 선물을 했다는 사실이야.

아무리 좋은 일이 많이 있었어도 항공권을 재발급했다면 마넬에게 한국여행은 그리 좋은 기억으로 남지 않았을 거야. 도시 곳곳의 마음 따뜻한 한국인 덕분에 마넬에게 한국은 여행한 여러 나라 중 최고의 여행지가 되었어.

나는 그 이름도, 얼굴도 모르는 많은 한국인 덕분에 마넬의 초대를 받아 좋은 시간을 보낼 수 있었지. 이 책을 통해서라도 그 분들에게 고마움을 전하고 싶어.

그 친절함에 대한 호의를 제가 대신 받아 여행을 잘 마칠 수 있었습니다. 감사합니다!

이제 다시 별똥별 여행을 떠나볼까?

마넬의 집에는 잘 꾸민 아름다운 옥상이 있어서 어두워지면 옥상에 올라가서 별을 볼 거라 생각했어. 그런데 마넬은 천체동호회 회원이었고, 알고 보니 동호회 회원과 만나서 별을 보기 좋은 장소에 가기로 약속했대. 마넬과 그의 누나, 그리고 여섯 명의 동호회 회원과 두 대의 차를 타고 어디론가 향할 때는 다들 가볍게 이야기하기에 가까운 산 정도라고 생각했는데, 가도 가도 목적지에 도착할 기미가 보이지 않았어.

두 시간을 넘어서 세 시간 그리고 네 시간! 무려 네 시간이 넘는 운전에 결국 지쳐서 난 잠들었어. 목적지에 도착하자 단잠을 자던 날 친구들이 깨워주었고, 나는 눈을 비비며 차 문을 열고 나왔는데 도착한 곳은 가로등 하나 없는 아주 컴컴한 산속이었어. 이탈리아 토리노에서 오른 산처럼 가로등 하나 없는 산이었는데 산의 높이가 수준이 달랐어. 어마어마하게 높은 산이었거든. 그리고 이미 바르셀로나는 아니라는 게 확실했어. 네 시간을 운전하면 서울에서

부산까지 가는 거리기도 하고, 이렇게 높은 산은 바르셀로나에서 본 적이 없었거든. 어쨌든 이 이름 모를 산은 굉장히 높고 어두웠어. 어떤 산이냐고 물어보니 올라가는 길도 내려가는 길도 가로등이 없어서 별을 보러 오는 사람들이 많이 오는 곳이라고 했어(산 이름 도 말해줬는데 스페인어라서 기억이 잘……).

차에서 갓 내린 날 보며 마넬이 하늘을 가리켰는데, 그의 손을 따라 하늘을 바라보곤 숨이 턱 막혔어. 수천 개의 별이(정말 셀 수 없을 정도로 많은 별이야! 밤하늘의 검정색보다 하얀 별이 더 많이 보이는 하늘!) 머리 위로 쏟아질 것처럼 화려하게 밤하늘을 수놓았어. 어렸을 때, 할머니께서 시골의 산 중턱에 살 때는 밤에 별이 가득했다고 말씀하셨었는데 그 말씀이 생각나는 그런 하늘이었어.

그리고 이때 한 가지 사실을 알았어. 영화에서만 보던 파란 은하수Milkyway가 CG가 아니라는 사실! 은하수는 두 눈으로 볼 수 있는, 현실에 존재하는 것이라는 걸! 셀 수 없이 많은 별과 은하수를 처음 보니까 그 상황이 꿈이나 영화보다 더 비현실적으로 느껴졌어.

은하수도 멋지지만 우리가 보러 간 것은 별똥별이잖아? 우리는 본격적으로 별을 보려고 산의 정상까지 10분을 더 걸어 올라갔어. 정상에 도착한 우리는 각자 싸온 음식을 나눠먹고 돗자리를 깔고 이불을 덮고 누웠어. 그리고 별이 떨어지길 기다렸어.

난 아무리 별이 많아도 별이 떨어지는 걸 보려면 오래 기다려야 할 거라 생각했어. 그런데 눕기가 무섭게 별들이 하나 둘씩 떨어졌어! 그것도 10초도 안 돼 두세 개씩 떨어지기도 할 정도로 많이! 영화 아니고, CG 말고, 진짜 별!

별똥별이 떨어지는 모습을 수십 번도 넘게 바라본 이 날은 비현실적인 많은 날들 중에서도 가장 비현실적으로 느껴진 날이야. 이제까지 별똥별은 영화나 만화 속에서만 존재한다고 믿어왔는데, 이게 사실이라는 걸 두 눈으로 직접 보니까 말로 설명하기 어려운 배신감 같은 것까지 느껴지기도 했어. 마치 트루먼 쇼에서 이 모든 게 방송이라는 걸 깨달은 트루먼처럼!

별이 떨어지는 시간은 실제로 굉장히 짧다는 걸 알게 되었는데, 내가 본 게 정말 별똥별이 맞는지 의심할 필요는 없었어. 다들 별똥별이 떨어질 때마다 "와~"하며 여기저기서 탄성을 질렀으니까. 우리는 이 멋진 광경에 취해 산 위의 추운 날씨에도 불구하고 두 시간이 넘도록 바닥에 누워 별똥별을 감상했어. 누워서 단순히 하늘만 바라보는데도 전혀 지루하지 않았어. 오히려 시간이 지날수록 더 화려하게 움직이는 밤하늘의 별똥별과, 끊임없이 반짝거리는 은하수는 끊임없이 새롭고 흥미로웠어. 옷을 얇게 입고 가서 몹시 추웠지만 정말 아름다운 하늘을 바라보면서 그대로 잠들면 좋겠다고 생각했을 정도로(그랬으면 나도 밤하늘의 별이 되었겠지).

오랫동안 밤하늘을 감상했지만 내려가는 발걸음은 아쉬움이 가득했어. 그래서 내려오는 길에 마넬과 사진을 찍고 그에게 꼭 다시 올 거라고 말했지.

"마넬, 정말 고마워! 네 덕에 난생 처음으로 이렇게 많은 별도, 파란색의 빛나는 은하수도, 별똥별도 볼 수 있었어! 처음에 네가 별똥별이라는 말을 했을 땐 솔직히 거의 육안으로 볼 수 없는 별을 망원경으로 보거나 옥상에서 한 시간쯤 기다리다가 결국 아무것도 못보고 다시 방으로 들어갈 줄 알았어. 그런데 정말 이렇게 멋진 광경을 보다니, 정말 고마워. 나 여기 꼭 다시 올 거야! 약속할게!" 내 말에 마넬도 이렇게 답했어.

"그래. 꼭 다시 와, Sun! 그때는 너도 꼭 네 여자 친구를 데려와. 나도 다음엔 여자 친구를 데리고 올게!"

뭔가 슬픈 대화로 마무리 된 것 같지만, 우리는 가슴 가득 별을 안고 하산했어.

De todos modos, Manel! ¿Puedes cumplir tu promesa?

Anyway, Manel! Can you keep a promise?

새벽 네 시가 넘어서 마넬의 집에 도착했지만 쉽게 잠들 수 없었어. 반짝이는 별들이, 여기저기서 떨어지던 수많은 별똥별이, 새파란 은하수가 머릿속에 가득해서. 지금도 이 날을 생각하면 현실이 아니라 꿈을 꾼 것 같아. 마치 날 위해 누군가 선물한 하나의 큰 선물 같은 꿈!

100만 원으로 여행할 수 있는 꿀팁 26.

한국에서 길을 잃은 외국인이나 도움이 필요한 외국인을 만나면 먼저 다가가 봐! 대가를 바라는 호의는 호의가 아니지만, 네가 베푼 호의가 한국에 대한 좋은 추억을 만들어 준다면 그는 분명 잊지 않을 거야. 그리고 혹시 알아? 너의 도움을 인연으로 그가 사는 도시에 초대받아 뜻하지 않게 새로운 도시에서 멋진 여행을 하게 될지!

에피소드 27.
세계의 모든 친구를 만날 수 있는 곳, 기아워크캠프

| 100만 원 들고 100일 동안 유럽여행을 하려고 마음먹었을 때의 가장 큰 걸림돌은 바로 '항공권'이었어. 처음 유럽여행을 기획했을 때는 365만 원으로 365일 동안 세계일주를 떠나려고 했어. 365만 원에서 왕복 유럽 항공권 100만 원 정도를 제하고 265만 원으로 유럽여행을 할 생각이었거든. 하지만 100만 원이 넘는 유럽 왕복 항공권은 부담일 수밖에 없었어. 그래서 이왕이면 좀 더 돈을 아낄 겸 항공권을 지원해 줄 기업을 찾아봤어. 뜻이 있으면 길이 있다는 말이 있지? 이렇게 기획만 하다가 정말 우연히 학교 수업을 듣던 중 전공 교수님이 다양한 대외활동을 소개하는 걸 들었어. 대외활동 중 해외에 무료로 보내주는 프로그램도 있다는 이야기를 듣고 '이거다!'라는 생각이 들었고, 수업

이 끝나자마자 바로 여기저기 지원했어.

솔직하게 말하면 경쟁률 50대 1, 70대 1이 훌쩍 넘는다는 무시무시한 대외활동 경쟁률 때문에 '난 무조건 될 거야'라는 생각은 하지 않았어. 오히려 반대였어. 보낸 자기소개서가 한 번 읽히기라도 했으면 좋겠다는 생각으로 보냈거든. 그리고 한 곳만 지원한 게 아니라 여기저기 많은 대외활동에 지원했어. 다섯 곳 정도 지원했는데 기아워크캠프를 제외하고 다른 프로그램은 모두 떨어졌어. 신기한 건 유일하게 1차 합격 통보가 온 곳 기아워크캠프가 지원한 대외활동 중 가장 경쟁률이 높은 대외활동이라는 거야. 다른 대외활동에 비해 준비해야 하는 서류가 비교적 적어서 오히려 기대를 안 했는데 오랜 시간 준비한 대외활동은 불합격하고 비교적 적게 준비한 기아워크캠프에서 합격통보를 받아서 몹시 놀랐지.

1차 서류를 통과했으니, 2차 면접만 통과하면 유럽 왕복항공권을 얻을 수 있었어. 그 어렵다는 서류통과를 하고 나니 면접은 자신만만했었는데, 그 자신감을 한번에 무너뜨리는 단어가 있었어. 그것은 바로 영어면접! 워낙 영어를 못하는 나인데다가 요즘 워낙 한국인의 발음이 본토 미국인 혹은 영국인과 구별이 안 될 정도다 보니 걱정이 앞섰어. 이런 여러 생각 때문에 면접 압박감이 심해서 예상 질문을 영어로 써보기도 하고, 통째로 외워보기도 했어. 열심히 한다고 했지만 이렇게 준비를 하면서도 단기간에 쟁쟁한 경쟁자를 이길 수 있을 것 같지 않았어. 그래서 내 방식대로 면접을 보기로 마음먹었지.

이런 마음가짐으로 들어간 면접에서 한국어 질문은 준비한 대로 대답하고 마지막으로 대망의 영어 질문의 답을 할 차례가 왔어. 그런데 하필 면접관은 한국어로도 답하기 힘든 질문을 영어로 답하길 요구했어.

"워크캠프를 참가하면서 한 참가자가 한국의 개고기 문화에 대해서 비난한다면 어떻게 그들에게 이야기할 것인지 영어로 답해 보세요."

"네? 아, 아……Sorry?"

그래. 맞아. 당황했어. 몹시.

한국어로 대답하는 것도 꽤 오래 생각하고 답변을 해야 할 주제에 이걸 영어로 한 번 더 머릿속에서 번역까지 해서 대답하려니 막막했어. 게다가 내 앞 두 면접자는 거의 CNN과 BBC였어. 하필 둘 다 외국에서 공부를 하다 와서 한글만큼 영어가 쉬운 '원어민'들이었거든. 운도 없게 하필 다음이 내 차례였지.

어차피 정공법은 통하지 않겠다 싶어서 손을 번쩍 들었어. 그리고 당당하게 면접관에게 말했어.

"죄송하지만 제 앞의 두 참가자처럼 저는 자연스럽게 영어를 구사하지 못합니다. 하지만 손짓과 발짓을 이용한 바디랭귀지를 잘 사용해서(쉽게 말해 문법에 맞지 않는 엉터리 영어를 할 예정이니) 소통할 예정이니 종이가 아니라 절 봐주시면 좋겠습니다."

이게 내 전략이었어. 청각에 의존하는 대화로는 도무지 설명을 충분히 전달하지 못할 것 같았거든. 그리고 영어는 못하지만 커뮤니케이션은 자신 있었어. 말하고자 하는 걸 어떻게든 상대가 알아듣게 할 자신은 있었지. 어차피 내가 못하는 영어를 잘하려고 노력해봐야 따라가지 못할 테고, 그럼 내가 잘하는 것을 보여주자고 생각한 거야.

그렇게 문법을 모조리 파괴한 엉터리 영어와 온몸을 이용한 설명. 결과는? 맞아. 네가 알고 있듯이 합격! 아마 기아글로벌워크캠프 합격자 36명 중 영어 꼴찌로 합격했을걸? 아니, 아마 역대 합격자 중에서 꼴찌였을지도 몰라.

이렇게 힘들게 얻어낸 왕복항공권과 여행자보험(이건 몰랐는데 나중에 알게 되었어!)으로 100만 원에서 한 푼도 쓰지 않고 100일 유럽 여행을 떠날 수 있었어.

기아워크캠프는 세계 곳곳에 있는 워크캠프에서 지역사회에 힘을 보태는 다양한 일을 하며 세계의 평화와 화합을 목표로 활동하는 봉사활동 프로그램이야. 각 나라에 워크캠프가 다양하게 많이 있고, 한 캠프의 참가자는 보통 12명~20명 정도. 워크캠프는 전 세계 다양한 나라의 대학생이 참가하고, 다양한 도시에서 활동해. 내가 워크캠프를 한 곳은 바르셀로나부터 세 시간 반 정도 버스를 타고 도착한 스페인 남부의 까요사라는 도시야. 스페인 현지인들도 잘 모를 만큼 외진 곳이었는데 이곳에서 세계 각국의 다양한 친구들을 만나고 2주 동안 지역사회 봉사활동을 했어.

스페인, 이탈리아, 독일, 에스토니아, 일본, 프랑스, 핀란드 그리고 한국에서 온 나까지 총 여덟 개국, 12명이 까요사 캠프에 참가했

어. 덕분에 난 다양한 국적의 글로벌 친구를 사귈 수 있었어.

　까요사는 외진 시골마을이어서 초등학교와 공공시설이 많이 낙후되어 있어. 우리는 이런 건물에 페인트칠과 청소를 했어. 식사는 매일 두 명의 당번을 정해서 함께 장을 보고, 그날의 세 끼를 모두 만들어 먹었어. 서로 자기 나라의 전통 음식을 뽐낸 덕분에 다양한 음식을 먹어 볼 수 있었지.

　세계 곳곳의 개성 강한 친구를 만나서 함께 생활해야 하기에 처음엔 걱정을 많이 했어. 국적, 언어, 가치관, 종교 등 여러 가지로 공통점보다 다른 점이 많았거든. 하지만 모두 남을 도우려고 모인 친

구들이다 보니 서로 배려하려고, 서로를 이해하려고 노력하고, 같은 목표를 위해 도우며 지냈어. 그리고 캠프생활을 하면서 요리를 만드는 과정에서 서로 의견이 다름을 이해하기도 하고, 각 나라를 대표하는 요리를 맛보며 문화를 공유하고 빠르게 친해질 수 있었지. 걱정하던 인종차별이나 영어를 못해서 느끼는 소외감은 전혀 없었어. 오히려 리드하길 좋아하는 내 성격에 다들 잘 따라주었어. 아! 그리고 영어는 나보다 못하는 친구도 많았어. 오히려 정말 잘하는 친구는 고급 영어를 구사해서 대화가 끊기기도 했는데, 초등학교 4학년도 이해할 수 있는 영어를 구사하는 내 말은 다들 쉽게 알아 듣더라고!

유럽인과 함께 생활하면 인종차별이나 영어를 못하기에 소외
감을 느낄까 걱정이야? 물론 세계 어디든 인종차별을 하는 사람
은 있고, 영어를 못하면 소외시키는 경우도 있어. 사전에 이런 상황
을 만들지 않으면 가장 좋아. 하지만 그게 마음대로 되는 건 아니잖
아? 그렇기 때문에 문제가 생기는 걸 두려워하지 말고, 문제가 생
겼을 때 어떻게 대처할지가 더 중요해. 각국의 많은 친구 중에서 오
히려 캠프생활을 주도한 건 영어도 못하고, 동양에서 온 나였으니
까! 항상 먼저 다가가고 친해지려 노력하고, 모두 잘 어우러지도록
노력하는 내 모습에 다들 마음을 열고 믿어준 것 같아. 그러니까 너
무 걱정하지 마. 혹여 인종차별을 하거나 영어를 못한다고 너를 비
난하는 사람이 있더라도 그건 네 잘못이 아니야. 알지?

금전적으로 많은 지원을 받을 수 있거나 혹은 젊은 나이에 성공
한 편이 아니라면 평범한 대학생은 유럽여행을 쉽게 다녀올 만큼
넉넉하지 않잖아? 하지만 여행은 떠나고 싶고! 그럼 항공권을 제
공하는 대외활동을 찾아보는 것도 좋아.

나처럼 어느 날 눈을 떠보니 에미레이트 A-380 항공기 안에서
와인 한 잔하고 있을 수도 있잖아? 대학생이 아니라면 너의 여행
이 기업에 도움이 될 만한 제안서를 작성해서 보내는 방법도 있어.
그러니 방법이 없다고 포기하지 말고 찾아봐!

100만 원으로 여행할 수 있는 꿀팁 27.

만약 네가 대학생이라면 해외탐방 혜택을 제공하는 대외활동을 찾아봐! 꽤 많은 기업이 대학생에게 해외여행을 보내주는 대외활동을 운영하고 있어. 물론 좋은 혜택만큼 경쟁률이 높은 편이지만 도전하면 50퍼센트, 도전조차 하지 않으면 0퍼센트인걸! 나 또한 내가 될 거라고 확신하고 지원한 게 아니라, 가벼운 마음으로 지원한 거였어. 떨어지면 또 어때? 나도 기아워크캠프는 한 번 떨어지고 붙었고, 다른 해외탐방 대외활동도 많이 떨어졌는걸! 하지만 끝까지 도전해서 결국 합격한 거야.

에피소드 28.

마약찜닭

| 외국에서 한국음식을 만드는
건 생각보다 쉽지 않아. 조미료 구분도 힘들고, 불의 세기도 다르
고, 특히 재료를 구하는 게 쉽지 않거든. 여행하면서 한식 만들기를
몇 번 시도를 해봤는데, 모두 재료를 찾다가 그만 두었어. 그래서
보통은 파스타 같은 간편한 음식을 만들어 주곤 했지. 그런데 캠프
생활을 하면서 한식을 만들어야 하는 날이 찾아왔어. 워크캠프에
서 매일 요리 당번을 정했는데, 내 차례였거든.

다들 요리를 하는 날이면 각자 자국의 전통요리를 만들어주었
고, 나 또한 한식을 만들기로 했어. 그런데 이탈리아의 파스타나 스
페인의 빠에야 같은 음식에 비하면 한식은 어려워도 너무 어려웠
어. 된장찌개나 김치찌개는 호불호가 강할 음식이라 거부감이 들

기 쉽고(물론 고추장과 된장을 구하기가 어렵고), 전이나 잡채는 손이 워낙 많이 가고. 그렇다고 구절판이나 신선로를 만들 수도 없고!

그래서 뭘 만들면 좋을지 꽤 오랫동안 고민하다 예전에 캠핑할 때 친구가 만들어준 '콜라찜닭'이 생각났어. 친구가 만들어 주어서 레시피가 정확히 생각나지 않았지만 손이 많이 가지 않았던 게 기억났거든. 그래서 인터넷으로 레시피를 검색하니 콜라찜닭, 꽤 유명하더라? 유럽에서 잡채나 구절판 재료를 구하기는 어렵지만, 콜라찜닭은 닭과 콜라, 당근, 양파, 감자만 필요했는데 이건 여기서도 구하기도 쉬웠고, 약간 구하기 어려울지도 모르겠다 싶던 간장과 당면도 근처 마트에 있어서 재료 준비가 수월했어.

한식을 선보이기 전날, 친구들은 캠프에서 첫 아시아 음식을 먹게 된다는 기대감에 다들 어떤 음식을 만들지 궁금해했어. 나와 일본인인 타쿠미를 제외하면 다 유럽인이라서 캠프에서 서로 만들어 주는 요리가 그리 색다르지 않았거든. 기대하는 친구들에게 콜라찜닭을 만들거라고 이야기를 했는데 다들 '콜라'를 이용해 요리를 하겠다고 하니까 엄청 웃으며 장난을 쳤어(내가 생각한 반응은 이게 아닌데?).

다들 "Coke?", "Coke? Coca Cola?", "Are you kidding?", "Seriously?" 등 다양한 반응으로 내가 만들 콜라요리를 불신하는 모습을 보였어. 'Coke'는 불법(다른 뜻으로 마약)이라며 자신은 코크로 만든 요리는 먹지 않겠다는 친구도 있었어. 그러더니 다들 내일은 빵으로 배를 채워야 할 것 같다며 많은 빵을 사와야 한다고 했

어. 물론 다들 장난이었지만 워낙 다들 한마음 한 뜻으로 이야기를 하니까 오기가 생겼어. 자취생활 7년의 내공을 무시하다니! 정말 빵만 줄까도 생각했다가 보드게임을 하면서도 끊임없이 'Coke'를 장난스럽게 말하는 친구들 때문에 제대로 솜씨 발휘를 해야겠다고 다짐했어.

　스무 살부터 자취생활을 꾸준히 하며 집에서 많은 요리를 만들어 먹고, 레스토랑 주방에서 요리를 배우며 일한 덕분에 난 칼을 쓰는 게 익숙해. 그래서 요리는 꽤 자신 있지. 하지만 요리에 정성을 담는 편은 아니야. 배고플 때만 요리를 하니까 빨리 만들어 먹는 게

중요해서 예쁘게 칼질할 필요는 없었거든. 하지만 이 날은 달랐어. 아침 일찍 일어나 장을 보고 마치 요리왕 비룡처럼 순식간에 20인분의 재료를 다듬으며 준비를 했어. 그리고 초대형 냄비에 콜라찜닭을 만들었어.

봉사를 마치고 친구들이 돌아올 때를 맞춰 콜라찜닭과 밥 그리고 샌드위치도 준비했어. 일부러 접시에 담지 않고, 식당 안에 찜닭 냄새가 가득하도록 뚜껑도 열고 찜닭을 끓이며 기다렸지. '닭은 항상 옳다'는 말이 있잖아? 달달한 간장과 닭이 익는 향이 가득한데, 고된 노동을 마치고 허기까지 진 상태라면? Game over. 다들 이게 무슨 냄새냐며, 접시를 두드리고 빨리 음식을 달라고 소리쳤어.

"음…… 이거 코크로 만든 요리인데, 그래도 먹을 거야? 어제는 코크(마약) 들어간 요리는 먹지 않는다며. 너희가 싫어할까 봐 샌드위치도 만들었는데!"

장난스럽게 이렇게 말하니 다들 이게 어떻게 콜라로 만든 요리 냄새냐며 빨리 먹어보고 싶다고 보챘어. 소심한 복수를 마치고 친구들의 접시에 찜닭과 밥을 담아 주었어.

친구들이 먹고 혹시나 실망하지 않았냐고? 인원은 열두 명이었지만 20인분 이상을 끓인 찜닭은 역대 최고의 인기를 얻으며 모두 순식간에 사라졌어! 다들 찜닭을 더 담아달라며 날 "Chef"라고 부르고 침이 마르도록 음식을 칭찬했어. 정말 마약이 들어간 찜닭처럼 다들 맛있게 먹는 모습을 보니 웃음도 나오고 정말 뿌듯했어.

이 날 이후로 다들 먹고 싶은 요리가 있으면 나에게 와서 부탁했어. 이탈리안 친구가 한국인에게 파스타를 만들어 달라고 할 정도였으니 말 다했지? 캠프가 끝날 때까지 친구들에게 파스타, 리조또, 찜닭, 중국식 볶음밥 등 다양한 요리를 만들어주었어. 원래 워크캠프기간 이 주 동안 식사 당번은 각자 두 번씩이었는데, 친구들의 부탁으로 네 번이나 했을 정도라니까!

어? 이거 친구들의 큰 그림에 내가 당한 건가?

100만 원으로 여행할 수 있는 꿀팁 28.

유럽에서 현지 친구들에게 한식을 만들어 주려고 하면 꽤 난감할 수 있어. 재료 구하기가 까다로우니 말이야. 잡채도, 떡볶이도, 해물파전도, 불고기도, 심지어 김밥조차 재료를 구하기 쉽지 않아. 이럴 때 만만한 게 콜라찜닭이야. 콜라와 닭은 유럽에서 정말 쉽게 구할 수 있고 야채 또한 한국에만 있는 까다로운 야채가 없어. 비교적 구하기 어려운 간장과 당면은 대부분 대형마트에 있어. 그래도 만약 다른 한식을 만들어 주고 싶다면 주변에 아시아마트 혹은 중국 식재료점이 있는지 찾아봐. 거기에서 다양한 한식재료를 찾을 수 있을 거야.

페인트파티, 보트파티, 거품파티……
파티의 천국, 여기 이비자야~

혹시 EDM 좋아해? 그럼 하드웰, 데이비드 게타, 아비치, 마틴 개릭스, 패리스 힐튼!(물론 그녀는 디제잉보단 구설수로 더 유명한 것 같지만) 이 이름들은 한 번쯤 들어봤지? 이들은 EDM에 관심이 없는 사람도 한 번쯤 들어보았을 세계 정상급 디제이들이야. 이 디제이들이 매년 여름마다 매주 파티를 여는 세계의 단 하나의 섬이 이비자야. 이때문에 EDM을 좋아하는 사람은 이 이유 하나만으로도 이비자에 와야 할 이유가 충분하지. 우리나라에서는 몇 년에 한 번 볼까 말까 한 디제이들을 매일 만나볼 수 있으니까(물론 돈은 많이 들겠지만)!

100만 원 들고 유럽여행을 떠나긴 했지만 지출이 많을 걸 알면서도 이비자는 꼭 가야겠다고 마음 먹었어. 워낙 기대하던 이비자라서 하루 이틀도 아니고 무려 일주일이나 머물 예정이었지. 그래서 100만 원 예산의 10퍼센트가 넘는 돈으로 미리 이비자 왕복 비행기 티켓도 끊었어. 알리칸테-이비자-발렌시아 편도 두 장에 10만 원이 조금 넘는 돈이면 몹시 저렴한 편이지?

까요사에서의 워크캠프를 마치고 기다리고 기다리던 환상, 환락의 섬! 이비자에 도착했어. 돈 신경 쓰지 않고 마음껏 놀고 싶은 매력적인 섬 이비자였지만 어쩔 수 없는 '선택'을 해야 했어. 예산이 100만 원이니까! 그래서 가고 싶은 곳은 정말 많지만 이 중 단 세 곳만 가기로 정했어. 하지만 결국엔 다섯 개의 파티에 가게 됐지만 말이야. 그것도 예상치 못한 친구를 만나서!

MJ는 동갑내기 친구인데 외국에서 학교를 다니다 스물네 살에 한국으로 돌아와 군복무를 했어. 그리고 군 복무를 마치자마자 인천-바르셀로나-이비자행 비행기를 타고 바로 이비자로 왔어. '유랑'(유럽정보가 있는 네이버카페)과 '유럽어디까지와봤니'(유럽정보가 있는 페이스북 페이지)를 통해 이비자 정보를 찾으면서 알게 된 MJ는 나보다 하루 먼저 이비자에 도착해서 여행 중이었어.

경비를 아끼려고 이비자에 도착한 첫날은 코인락커에 모든 짐을 맡기고 클럽에 다녀온 후 공항에서 노숙을 할 계획이었어. 그런데 MJ는 짐을 맡아 주겠다며 숙소로 초대했는데, 우린 만난 지 5분 만에 서로 취미나 음악코드가 잘 맞는다는 걸 알았어. 그래서 그는 나와 함께 클러빙을 하고 싶어 했어. 나 또한 같은 마음이었지만 이날 서로의 목적지가 달랐어.

이비자에 함께 온 지이와 12시까지 운영하는 클럽 우슈아이아 Ushuaia에 가길 원한 나와는 달리 MJ는 12시 이후에 운영하는 세계에서 가장 큰 클럽 프리빌리지Previllage에 가길 원했거든. 그는 함께 프리빌리지에 가자고 말했지만 12시 이후에 공항에서 노숙을 할 계획이었던 우리는 함께 할 수 없었지. 우리 이야기를 들은 그는 예거마이스터를 한 잔 따라주며 쿨하게 말했어.

"그럼 그냥 같이 두 클럽 모두 갔다가 내 방에서 자자!"

MJ의 제안 덕분에 우리는 우슈아이아에서는 하드웰의 공연을

보고(관객석까지 내려온 하드웰과 악수를 하는 신기한 경험도 하고!), 페인트파티가 열린 프리빌리지에서는 하늘에서 떨어지는 페인트를 온몸으로 맞으며 춤을 추며 클러빙을 했어.

기네스북에 오른 세계에서 가장 큰 클럽에서 각 국의 사람들과 춤을 추다가 갑자기 하늘에서 비처럼 쏟아지는 형형색색의 다양한 페인트를 맞으며 자유롭게 춤을 추는 사람들! 상상만 해도 즐겁지 않아? 열 시간이 넘도록 미친 듯이 뛰어다닌 탓에 몸살이 날 법도 한데 이 날을 위해 유럽을 걸으며 체력을 쌓았나 싶을 정도로 팔팔했어.

MJ의 초대 덕분에 첫날은 그의 호텔에서 잘 수 있었지만 다음 날은 세계 7대 아름다운 바다로 꼽힌 포르멘테라Formentera섬에 가서 섬을 돌아보고 노숙을 할 계획이었어. 그런데 MJ는 이미 자신과 함께 보냈으니 자신이 떠나는 날까지 함께하자고 말하며 포르멘테라가 아니라 자신과 함께 보트파티에 가자고 했어. 그는 말뿐만 아니라 내 표까지 끊어 주었어. 무려 120유로(한화로 약 15만 원)였는데 말이야!

어떤 대가도 받지 않고 숙소를 쉐어해주는 것도 고마운데 티켓까지 받을 수 없어서 티켓값을 건넸는데, 그는 이건 그냥 자기 마음이니 부담 없이 받아달라고 말하며 끝내 받지 않았어. 미안함에 계속 돈을 주려고 하니까 그는 나중에 한국에서 밥이나 한 끼 사라고 말하고는 파티로 이끌었어(그리고 글을 쓰고 있는 지금 MJ는 비행기를 타고 한국으로 오고 있어!).

그와 함께한 보트파티는 외국 영화나 드라마에서나 보던 환상적인 파티었어. 2층짜리 대형보트에서 100여 명의 사람들이 디제이의 신나는 음악에 맞춰 춤을 추는데, 다들 모델이 아닌가 싶을 정도로 멋지고 아름다웠어.

보트는 이비자의 파란 바다를 두 시간 동안 가로지르더니 아무도 없는 바다 한가운데에 멈췄어. 많은 사람들이 보트에서 투명한 바다로 뛰어들며 자유롭게 수영하고, 배가 고프면 무료로 제공하는 바비큐와 칵테일을 마음껏 먹었어.

먹고, 마시고, 춤추고, 더울 때는 바다로 뛰어들어 수영하고! 오직 이비자에서만 느낄 수 있는 그런 자유로움을 온 몸으로 느꼈어.

MJ 덕분에 보트파티라는 평생 잊지 못할 경험을 할 수 있었어.

　　MJ는 다음 날 아침 일찍 암스테르담으로 향하는 비행기를 타고 떠났어. 떠나기 전 그는 팔찌를 하나 선물하며 이렇게 말했어.

　　"이비자에서 친한 친구들의 선물을 사기로 했는데, 너도 내 친구니까 받았으면 좋겠어. Bro!"

　　겉은 오랜 미국생활에서 느껴지는 쿨함이 있고, 속은 한국인의 따뜻한 정이 있는 MJ가 아니었더라면 삼 일간 꽤 힘든 여행이 되었을 게 분명했을 텐데, 그를 이비자에서 만난 건 가장 큰 행운이었어.

페인트파티, 거품파티가 정말 좋았던 건 정말 좋은 친구 MJ 덕분이 아니었을까? 그가 아니었다면 이비자의 모든 파티도 그저 그런 파티 중 하나였을지도 몰라.

MJ와는 이비자타운(이비자 섬의 중심가)에서 지냈는데 그가 떠나고 4일째 되는 날 플라야 덴보사(이비자 섬의 북쪽에 위치)로 이동해야 했어. 유일하게(여행을 통틀어) 숙소를 예약한 날이었거든!

에어비앤비AirBNB(숙박공유사이트)를 통해 다른 여행자들과 함께 남은 사 일간 시간을 보내기로 했어. 도착한 숙소에서는 한국인 여행자인 승진이, 건호, 현우, 서빈이, 혜빈이(속칭 이비자 패밀리라고 부를게)를 만났어.

아마도 이비자의 파티 중 가장 유명한 파티는 거품파티Form Party일거야. 클럽 암네시아Amnessia에서 열리는 거품파티는 신나는 음악에 춤을 추다가 새벽 다섯 시 반이 넘을 때쯤 어마어마한 양의 거품을 클럽 가득히 뿌려서 수천 명의 사람들이 거품을 맞고 던지며 어린아이처럼 노는 파티야. 클럽 가득히 거품이라니! 게다가 이 거품파티의 디제이는 무려 패리스 힐튼!

디제잉도 하고 춤을 추기도 하는 등 패리스 힐튼은 여느 디제이들과는 다르게 퍼포먼스 강한 디제잉을 했어. 그녀의 디제잉이 거의 끝나갈 때, 새벽 다섯 시 반쯤 음악에 맞춰 사람 키를 훌쩍 넘기는 거품이 쏟아지기 시작했어. 서로 거품을 던지고 넘어뜨리며 파티를 즐기는 사람들, 계속 차오르는 거품을 피해 계단으로 도망가는 사람들…… 클럽 안이 아수라장으로 변했어. 하지만 웃음과 즐

거품이 가득한 아수라장이야. 동서양, 남녀노소와 상관없이 거품을 가지고 노는 모습은 마치 어린아이 같았어. 그렇게 한참을 거품 속에서 장난을 치다가 2층에서 호스를 통해 물을 뿌리기 시작하면 파티가 마무리 돼. 이비자 패밀리와 함께 물로 거품을 모두 씻어내고 클럽을 나오니 아침 일곱 시가 넘었지만 다들 전혀 피곤해하지 않았어. 아, 밖으로 나오니까 몹시 춥긴 했어.

　여행을 하면서 항상 난 운이 좋은 럭키가이라고 믿어왔는데 이 거품파티에서 럭키가이이라는 사실을 다시 한 번 느낄 수 있었어. 거품파티를 즐기다 패리스 힐튼이 던진 티셔츠(딱 두 장 던진!)를 받았거든! 수천 명의 사람 중에서 말이야! 이비자에 오기 전 알리칸테에서 깜빡하고 티셔츠를 한 장 두고 와서 조금 속상했는데, 그녀가 어떻게 알았는지 이렇게 선물을!

 이정도 일은 너도 충분히 있을 수 있어! 어떻게 그렇게 확신하냐고? 여긴 이비자니까~.

100만 원으로 여행할 수 있는 꿀팁 28.

여행에서 꼭 해보고 싶은 것이 있다면 포기하지 매! 특히 이비자 같은 곳이라면 더더욱 말이야. 이번 여행에서 이비자 일정이 없었다면 100만 원이 아니라 50만 원보다 더 적은 경비로 여행이 가능했을 거야. 유일하게 이비자에서 사용한 숙박비와 왕복 저가항공 교통비, 여기저기 파티에 쓴 돈을 모두 합하면 전체 금액의 50퍼센트가 넘을 정도니까 말이야. 하지만 이비자를 위해 무전여행에서 100만 원으로 100일 여행하기로 컨셉을 바꿀 정도로 포기하고 싶지 않았어.

에피소드 30.

Samuel, Muchas Gracias!

│사무엘^{Samuel}과의 인연은 여행을 떠나기 2년 전인 2014년 여름, 스페인 남부의 작은 마을 부뇰의 길거리에서 시작되었어.

대학교 2학년 때 '영미문학과 세계사'라는 수업에서 세계의 축제에 관한 자료를 만들어 발표한 적이 있어. 이때 우리 팀은 라토마티나^{La Tomatina}(스페인 부뇰에서 열리는 토마토축제로 매년 8월 마지막 주 수요일에 열려)를 발표하기로 했어. 자료를 조사하면서 축제 영상을 봤는데 빨간 빛으로 가득한 축제 현장에 난 문화충격을 받고 같은 팀 친구에게 "난 여기에 꼭 가겠어"라고 선언했어.

그리고 3년 후인 2014년, 정말 스페인 부뇰에서 라토마티나 축제에 참가했지. 라토마티나는 축제 당일과 전야제가 유명해. 그래서 나와 친구는 전야제를 즐기려고 부뇰에 축제 전날 도착했어. 이 때도 대학생이었기에 그렇게 넉넉한 여행은 아닌 평범한 배낭여행이었어. 그래서 도심에 숙소를 잡지 않고, 부뇰의 호텔이나 무인라커에 짐을 맡기고 밤새 놀다가 다음 날 짐을 찾아서 다른 도시로 이동할 계획이었어.

부뇰에 자정쯤 도착한 나와 친구는 숙소를 찾아 다녔는데, 작은 마을인 부뇰은 숙소가 몇 곳 없을뿐더러 몇 안 되는 숙소는 모두 비싸고, 빈 방도 없었어. 친구와 짐을 맡길 곳이나 무인라커를 찾아 다니며 마을 주민에게 물어보았지만 다들 없다는 말뿐이었어.

거의 한 시간 동안 전야제에 참가하지도 못하고 마을을 빙빙 돌기만 했어. 결국 친구와 전야제 참가는 포기하기로 결정하고, 다음 날 아침 이른 시간에 첫 차를 타고 라커가 있다는 발렌시아로 돌아가서 짐을 맡기고 돌아와 축제에 참가하기로 했어. 그래서 발길을 돌려 마을을 떠나려는데 반대편에서 한 무리의 가족이 걸어오고 있는 모습을 보았어.

할머니, 할아버지, 아빠, 엄마, 아들, 손자까지 어림잡아 열 명이 훌쩍 넘는 대가족이었는데, 이들에게 나가는 길을 물어보려고 말을 걸었어. 혹시나 하는 마음에 라커나 짐을 맡길 수 있는 곳도 물었지. 다행히 영어를 할 줄 아는 내 또래의 아들 사무엘이 가족에게 통역을 해주며 길을 설명했어. 그런데 이야기를 듣던 할머니께서 아버지에게 무언가 말씀하셨어(스페인어라서 무슨 말인지 전혀 알아들을 수 없었어). 그러곤 아버지가 사무엘에게 굳은 표정으로 이야기했어. 솔직히 이때 조금 긴장됐어. '뭐가 잘못 됐나?' 싶었거든.

Lucky is mine! 그건 구원의 말이었어. 할머니는 우리 사정을 듣고 딱하다 여기셔서 우리의 짐을 맡아주자고 말씀하신 거야! 그래서 아버지는 우리를 자신의 집에 데려다 주시고, 짐을 맡아주었어. 그렇게 우리는 사무엘의 가족 덕분에 전야제와 라토마티나 모두 즐겁게 보내고 여행을 잘 마쳤어.

축제가 끝나고 짐을 찾고 감사 인사를 하려고 사무엘의 집에 도착했는데 다른 가족은 없고 사무엘만 집에 있었어. 가족 모두에게 감사 인사를 전하고 싶었지만 어쩔 수 없었지. 가족이 언제 올지 모르니 감사 인사는 자기가 대신 전하겠다는 사무엘에게 부뇰에 꼭 다시 오겠다고 말했어. 그때는 가족들에게 다시 한 번 감사 인사를 전하겠다고 말하며.

그냥 떠나기엔 정말 아쉬워서 떠나기 전에 사무엘에게 한국 지폐와 양산(우산이 아니라 자외선을 차단할 수 있게 낮에 쓴다는 설명을 했는데, 이게 대체 왜 필요하냐는 스페인 남부 사람의 황당한 표정이란), 그리고 내 명함을 주며 한국에 오면 꼭 연락을 달라고 했어. 하지만 2년 동안 사무엘의 연락은 없었어. 한국에 올 일이 없었으니까.

이번 여행을 떠나기 전, 라토마티나를 여행 일정에 넣으며 당연히 사무엘의 가족을 만날 계획을 세웠어. 그래서 이번에는 선물도 미리 준비해서 고마움을 전하기로 마음먹었지. 그런데 아차! 내 연락처는 사무엘에게 주었는데, 사무엘의 연락처는 받지 않은 거야. 바보같이! 그래서 그를 찾을 수 있는 방법을 곰곰이 생각하다가 페이스북에서 부뇰Bunol을 검색해서 부뇰 커뮤니티 페이지를 찾았어 (대나무 숲 페이지 같은). 그리고 관리자에게 사연과 함께 사무엘을 찾는다는 메시지를 보냈어. 다행히 사무엘과 찍은 딱 한 장의 사진이 있어서 그걸 함께 보냈지.

일주일 뒤, 정말 놀랍게도 사무엘에게서 쪽지가 왔어.

Hey man! yeah, I remember you , I am very impressed to see you again : D I am very grateful for your effort.

메시지와 함께 그때 내가 그에게 준 지폐를 찍어서 보내주었어. 그가 확실했지!

그에게 올해 다시 부뇰을 찾을 예정이고 가족에게 고맙다는 인사를 전하러 가고 싶다고 말했어. 그는 정말 환영한다며 내 비행기 일정을 말해주면 그에 맞춰 나와 시간을 보낼 수 있도록 하겠다고 했지.

그렇게 우린 2년 만에 다시 만났어. 발렌시아 공항에서! 이비자 섬에서 비행기를 타고 발렌시아 공항에 도착하기 전 미리 비행 스케줄을 그에게 보냈고, 그는 시간에 맞춰 공항까지 마중 나왔어. 신난 우리는 오래된 친구처럼 서로를 격하게 반가워했고, 집으로 가면서 서로 그동안의 안부를 물었어. 이제까지의 여행 이야기를 꺼내니 그는 이미 페이스북을 통해 봤다며 부뇰에서는 자신의 집에 머물고 가라고 먼저 제안했어. 심지어 이미 가족에게 말을 해놨더

라고! 그의 제안을 거절할 이유가 있나? 전혀 없었지!

　도착한 사무엘의 집은 2년 전 그대로였는데, 그를 따라 천천히 둘러보니 훨씬 더 아름답고 멋진 집이었어. 특히 가우디의 건축물을 연상케 하는 인테리어가 눈에 띄었어. 게다가 2층으로 향하는 계단을 미술품을 따라 올라가면 거실 한가운데 당구대가 있었어. 건물 내부도 멋졌지만 외부도 멋졌어. 그를 따라 밖으로 나가니 족히 10미터는 되어 보이는 큰 나무가 일렬로 서 있고, 요리가 가능해 파티 장소로 쓰이는 뒷마당과 마치 구엘 공원 같은 타일장식이 돋보이는 정원이 있었어. 구엘 공원 느낌의 타일은 사무엘과 사무엘의 아버지가 직접 타일을 깨서 만든 작품이라고 했어. 이게 끝이 아니라 야외 수영장과 차고가 있는 앞마당까지! 엄청 큰 대 저택이었어.

집 구경을 마치고 오랜만에 만난 가족과 인사를 나누고 함께 식사를 하며, 그때 일에 대한 고마움을 전했어. 미리 준비한 선물을 전해주고 감사 인사를 했지. 가족들은 날 몹시 반기며 사무엘에게 이번 여행 이야기도 들었다고 했어. 그리고 마침 사무엘의 형이 일 때문에 방을 비웠으니 그 방에서 편히 지내라며 방을 내주셨어.

사무엘을 제외한 가족은 거의 영어를 할 줄 몰랐지만 사무엘을 통해서가 아니라 직접 전하고 싶었어. 그래서 미리 외워둔 스페인어로 말했어.

"Senor, Muchas Gracias(정말 고마워)!"

사무엘과 그의 가족과 보낸 3일간 정말 부뇰 현지인보다도 더 현지인처럼 생활했어. 부뇰은 인구가 4만 명도 안 되는 작은 마을이어서 동네 청년이 그리 많지 않아 다들 친하게 지냈어. 사무엘은 친구들에게 내 이야기를 하면서 한국에서 온 친구와 함께 놀자며 매일 친구들을 불렀어. 사무엘과 친구들과 함께 스페인 전통 음식인 빠에야를 직접 만들어 먹고, 자동차를 타고 발렌시아 근교를 여행하기도 하고, 부뇰 현지인만 아는 계곡과 전망대 그리고 풍차가 있는 산에 다녀오기도 했어! 고마움을 전하러 갔다가, 더 큰 은혜만 입게 되었지 뭐야.

사무엘 덕분에 평범한 여행자로서는 하기 어려운 경험을 할 수 있었어. 가이드북에 나온 맛집을 다니고 너도 나도 가본 유명 관광

지에서 사진을 찍는 건 이제 너무 식상하지 않아? 어디서 들어봤
지?

　"여행은 살아보는 거야!"

100만 원으로 여행할 수 있는 꿀팁 30.

은혜 갚은 까치 이야기, 기억하지? 사무엘과의 만남에서 난 은혜를 잊지
않고 갚으려 했지만 오히려 더 큰 은혜를 입고 돌아왔어. 몇 년 전 우연히
길에서 만난 사무엘의 가족에게 간단한 선물을 전하고 싶어서 그에게 연
락했지만 오히려 더 신세를 지게 되었으니까 말이야. 여행 중 만난 인연
을 특별하고 소중히 여긴다면 그 인연이 어떤 긍정적인 상황을 만들지
몰라.

⠿ Day 76 to End:
끝날 때까지 끝난 게 아니다!
긴장을 늦출 수 없는 여행의 끝자락

에피소드 31.
핸드폰 도난 사건에서 배운
진정한 소통의 의미

|"형! 저희 좀 도와주세요. 핸드폰을 잃어버렸어요……."

매년 8월 마지막 수요일 스페인 남부의 작은 마을 부뇰에는 라 토마티나(토마토축제)에 참가하려고 평균적으로 약 4만 명의 관광객이 찾아와. 때문에 평소에는 조용하던 마을이 축제 시즌이면 온통 신나는 춤과 음악으로 가득하지. 이런 분위기 속에서는 특히 소지품 관리에 주의해야 해. 축제가 끝나면 여기저기서 걸어 다니는 산타클로스가 생겨나거든.

지갑, 핸드폰, 카메라 심지어는 가방을 통째로 이름 모를 사람들에게 나누어주는 산타클로스가 되어 부뇰 경찰서에서 각국의 산타와 정모(정기모임) 하는 모습을 쉽게 볼 수 있어. 난 사무엘의 집에 짐을 두고 다녀서 걱정할 필요가 없었지만, 이비자에서 부뇰로 함께 온 승진이와 건호 등 다른 친구는 숙소에 핸드폰, 지갑 등을 두고 올 수 없어서 축제 동안 들고 다녔는데, 결국 일행 중 한 명이 핸드폰을 잃어버렸어.

라토마티나 당일 새벽 여섯 시, 사무엘의 친구들과 함께 근처 산에 올라갔어. 새벽까지 술을 엄청 마셔서 다들 제정신이 아니었지만 친구들과 산에서 아침을 먹는 게 자기들끼리 만든 라토마티나 전통이라며 나까지 데리고 갔어. 나도 꽤 술을 많이 마신 상태라서 전혀 가고 싶지 않았지만, 어쩌겠어? 전통이라는데.

이왕 가는 거 즐거운 마음으로 가자고 따라간 산행이었지만, 막상 정상에 도착하니 올라가지 말았어야 했다는 생각이 가득했어. 덥기로는 둘째 가라면 서러운 한 여름의 스페인 남부였지만 여긴 상황이 달랐어. 풍차가 스무 개쯤 있는 바람이 엄청 거센 곳이었거든. 해는 뜨기 직전이었고(가장 추울 시간), 가만히 서있기 힘든 강한 바람에 덜덜 떨면서 아침 식사를 했어.

피곤해서 집에서 쉬고 싶었는데도 따라온 이유는 약간 허기가 졌기 때문인데, 사무엘이 산 정상에서 함께 아침식사를 하러 간다고 꼬셨거든. 그런데 아침이라고 가져 온 게 달랑 우유 한 컵이었어. 황당하긴 했지만 우유를 마셔야 내려갈 것 같아서 서둘러 마시고 하산했어. 그런데 내려가서도 차를 타고 동네를 몇 바퀴씩 쉴 새 없이 소리를 지르며 축제를 알리며 이동하니까 어느새 축제가 시작하더라.

　오전 열한 시가 되면 라토마티나의 서막이 열려. 기름이 잔뜩 발린 긴 나무의 끝에 하몽(돼지 뒷다리를 소금에 절여 만든 스페인 대표 전통 햄)을 달아놓고 한 시간 동안 사람들이 힘을 모아 하몽을 따면 축제가 시작돼. 만약 한 시간이 지나도 아무도 하몽을 따지 못하면 총소리가 나면서 토마토 트럭이 들어오기 시작하지. 토마토 트럭은 총 여섯 대가 나오는데 트럭이 모두 지나가면 축제는 끝이 나.

　트럭에서 주민들이 여기저기 토마토를 던지면 우리는 그걸 다시 서로에게 던지는 스트레스 해소에 정말 좋은 축제야! 흥을 깨는 이야기지만 토마토 축제가 마냥 재미있지는 않아. 물론 전 세계 다양한 사람들과 토마토를 던지며 아이처럼 노는 건 정말 재미있지만, 토마토가 몹시 단단하거든. 눈 감고 맞으면 내가 맞은 게 토마토인지 야구공인지 헷갈릴 정도로! 실제 축제에서 사용하는 토마토는 거의 무른 사과 정도의 단단함이라서 눈에 맞으면 멍이 들 정도니까 정말 단단하지? 주최 측에서 만든 아무도 숙지하지 않고, 아무도 지키지 않는 룰에 의하면 토마토를 으깬 후 던지라고 명시했지만 으깨면 멀리 안 던져지니까 다들 온전한 토마토를 찾아서 온 힘을 다해 던져. 그래서 토마토 축제를 MLB 투수 선발전으로 착각한 각국의 류현진을 만나볼 수 있었어.

이처럼 다들 여기저기서 날아오는 토마토에 힘들어했지만 난 걱정할 필요가 없었어. 좌우앞뒤로 둘러싼 부뇰 현지 친구들의 보호 속에 있었거든. 이 친구들이 다들 한 덩치하는 친구들이어서 날아오는 토마토를 거의 맞지 않았어. 게다가 사람들이 미어터지는 밀집 지역이 아닌, 오랜 축제 참가 경험을 토대로 잡은 자리는 두말할 것 없이 명당이었지.

문제는 다른 한국인 친구들이었어. 하몽을 따는 곳(시작점)에서 있다가 밀려드는 사람에 한 번, 여기저기서 날아오는 토마토에 또 한 번, 결국 만신창이가 된 것도 모자라 소지품까지 잃어버린 거야. 이 친구들은 축제가 끝나고 경찰서에 갔는데, 신고접수 하는 곳에는 이미 엄청난 인파가 몰려 있어서 간신히 접수만 하고 사무엘의 집으로 돌아왔어. 새벽에 친구들을 만나 미리 귀중품을 받아 내 방에 맡아주면서 다음 날 찾으러 오라고 했거든(핸드폰은 사진을 찍으려고 가져갔다가 잃어버린 거야).

사무엘의 집에서 이미 샤워를 마치고 기다리고 있던 난 승진이에게 경찰서로 가는 길에 사무엘을 만났다는 이야기를 들었어. 난 마지막 여섯 번째 트럭이 지나가고 좀 더 축제를 즐기고 싶어서 늦게 돌아갔는데, 그때 집으로 돌아가던 사무엘을 아이들이 만난 거지. 새벽에 이미 서로를 소개시켜 주어서 안면을 알고 있는 아이들은 사무엘에게 도움을 청했어.

나도 영어로 대화를 잘하는 편은 아니지만 사무엘은 나보다 더 영어로 대화하는 일을 어려워해. 하지만 다행히 마드리드에서 6개월 정도 유학생활을 해서 스페인어를 꽤 잘하는 지은 누나가 사무엘에게 상황을 설명했어.

승진이는 이야기를 듣는 사무엘의 반응이 이상했다고 했어. 스페인어로 대화가 가능함에도 불구하고 사무엘이 계속해서 나만 찾았거든. 스페인어로 대화가 가능함에도 불편해 보였다고 했어. 신고접수를 도와주긴 했지만 도와주는 내내 계속 사무엘은 나를 찾았다고 했지. 편안한 스페인어로 대화하는 것보다 더듬거리는 영어로 대화를 하더라도 편하게 대할 수 있는 나와 대화하는 쪽을 더 선호한 거야.

일반적으로 사람과 사람의 대화는 언어로 한다고 생각하지만 난 조금 다르게 생각해. 내가 생각하는 대화는 언어가 아니라 진심으로 하는 거야. 아무리 유창한 언어를 사용해도 대화하는 동안 상대방이 편안함을 느끼지 못한다면 말하고자 하는 것을 전달하지 못하니까 말이야.

말하는 사람은 진심으로 전달하려 하고 듣는 사람도 진심으로 경청한다면 유창한 언어를 사용하지 않고, 번역기를 사용하거나 어눌한 대화를 하더라도 소통이 가능해. 한국어로 말하는 상황에서도 대화를 계속해서 이어 나가고 싶은 사람이 있고, 그렇지 않은 사람이 있잖아? 언어가 통한다고 모두 대화가 되는 것은 아닌 거지.

이 날 사무엘이 아이들과 대화하면서 줄곧 날 찾은 이유는 누나의 스페인어가 부족해서나 영어로 대화하는 것이 불편해서가 아니라 나와의 대화에서 느껴지는 편안함 때문이었을 거야.

결국 핸드폰은 영영 찾지 못했지만(일주일 뒤에 사무엘이 다시 경찰서에 가서 문의해보았지만 찾을 수 없었어) 나와 승진이 그리고 지은 누나를 포함한 많은 친구는 소통을 새로운 관점으로 다시 생각해 볼 수 있는 좋은 경험을 했어.

100만 원으로 여행할 수 있는 꿀팁 31.

도시마다 전통과 특색 있는 축제에 참가하는 건 정말 즐겁고 신나는 일이야. 여행에서 축제를 뺀다고? 그건 앙꼬 없는 찐빵보다 별로인 걸! 하지만 축제를 즐겁게 즐기는 것만큼 더 중요한 것은 바로 도난이야. 흥에, 술에, 음악에 취하다 보면 지갑과 귀중품이 어느새 네 품을 떠나있을 수 있어. 스페인에서 만난 동생이 휴대폰을 잃어버리고 이틀 뒤쯤 위치추적을 해보니 맨해튼에 있더라는 이야기를 들었어. 그러니 가장 좋은 방법은 가지고 나오지 않는 거지만, 꼭 챙겨가고 싶은 물건이 있다면 품속에 넣고 다니길 바래! 하지만 난 그다지 소지품 도난에 걱정이 없었어. 왜냐고? 내 가방엔 가져갈 만한 물건이 없었으니까.

에피소드 32.
안달루시아를 포기하고
OPO행 비행기를 끊다

| 하루에 한 도시를 여행하는 것
도 피곤한데 일주일 동안 여덟 개의 도시를 본다면 얼마나 피곤할
까? 여행을 떠나기 전 내 계획은 8월 31일부터 9월 6일까지 발렌시
아에서 출발해서 그라나다-네르하-프리힐리아나-말라가-론다-
세비야-리스본-포르투(아이고 숨차) 이렇게 여덟 개의 도시를 여행
하는 거였어. 안달루시아(스페인 남부를 칭하는 말)의 유명 도시를 모
두 가보려고 했지. 히치하이킹 예상 거리로 대략 1,700킬로미터!

처음에는 그리 어려울 것 같지 않았어. 하루 평균 200킬로미터
정도만 히치하이킹을 하면 도착할 수 있을 테니까! 하지만 8월 31
일에 격렬하던 부뇰의 라토마티나가 끝나고 나니 그라나다까지
이동할 힘도, 시간도 턱없이 부족했어. 그래서 하루를 미루고 9월

첫날 출발하기로 마음먹고 사무엘의 집에서 쉬고 있는데, 이비자에서 룸쉐어를 한 승진이와 건호 등 이비자 패밀리에게 연락이 왔어. 다음 날 귀국을 하는 친구가 있는데 가기 전에 나와 함께 시간을 보내고 싶다며 자신의 숙소에 초대하는 연락이었어.

강렬한 즐거움과 기억만큼 이비자의 인연은 참 길고 오래 갔어. 룸쉐어를 하며 함께 이비자를 여행하고, 라토마티나까지 함께하면서 다들 많이 정이 들었지. 그래서 아이들의 제안을 거절할 수 없었어. 사무엘은 아이들의 숙소가 있는 발렌시아까지 데려다 주겠다고 했고, 덕분에 히치하이킹을 하지 않고 쉽게 숙소에 도착할 수 있었어. 사무엘과 헤어지며 다음엔 한국에서 만나기로 약속하고 작별인사를 했어.

"We promised to meet again before we were thirty, so let's keep this promise(사무엘, 우리 서른이 되기 전에 또 만나기로 약속했으니, 이번 약속도 꼭 지키자)!"

이비자의 흥은 부뇰에서도, 발렌시아에서도 멈추지 않았어. 이비자에서 만난 승진이, 건호, 현우, 서빈이, 혜빈이 그리고 라토마티나에서 만난 도진이와 지은 누나까지. 많은 사람과 함께 발렌시아에서 밤새 먹고, 마시고, 춤추고, 노래하며 즐거운 시간을 보냈어. 그리고 다음 날 각자의 여행을 떠났어.

내 목적지는 전날 가기로 한 스페인 남부의 그라나다! 이 날도 평소처럼 히치하이킹 포인트까지 걸어갔는데, 간만에 다시 힘든 여행을 시작하려니 몸이 말을 듣지 않았어. 팔다리가 파업해서 30

분만 걸으면 10분씩 쉬어야 했어. 보름 동안 워크캠프에서 생활하고, 일주일 동안 이비자에서 룸쉐어를 하고, 부뇰에서는 사무엘 덕분에 편히 다니고…… 대략 한 달을 쉬니까 감을 많이 잃어버렸어. 게다가 전날 아이들과 발렌시아에서의 마지막 파티를 하느라 세 시간밖에 못 잔 탓에 10킬로미터 정도 걷고 나니 몸이 녹초가 되었어. 심지어 날씨도 무려 38도!

결국 지친 몸을 주체하지 못하고 산책로에 있는 가로수 아래에 잠시 쉬려고 누웠다가 그대로 잠들어 버렸어. 그것도 한 시간 반이나! 길에서 잠을 자는 건 굉장히 위험한 일이지만 오히려 훤한 대낮에 가로수 아래에서 자는 내 모습에 도둑이나 소매치기가 반대로

의심을 했는지 다행히 무슨 일이 일어나지는 않았어.

푹푹 찌는 더위, 피곤함, 여기에 오랜만에 하는 히치하이킹의 피로까지 몰려오면서 쉬고 싶다는 생각만 가득했어. 이미 10킬로미터를 걸으며 체력은 방전됐고, 히치하이킹을 시도했지만 아무도 차를 세워 주지 않았어. 그래서 더 좋은 장소를 찾으려고 걷다 보니 10킬로미터를 넘게 더 걸어야 했어.

더 좋은 장소가 있는지 확인하면서 이동하다가 와이파이가 잡히는 곳에서 현재 상황을 아직 발렌시아에 있는 건호와 혜빈이에게 이야기를 했더니 둘 다 이렇게 말했어.

"형! 그냥 오늘 여기서 자고 가요. 우리 침대 세 개짜리 호스텔 빌렸어요."

솔직히 몸도 마음도 지쳐서 당장 호스텔로 가고 싶었지만, 남은 일정상 하루에 한 도시를 이동하지 않으면 안 되었어. 거기다 어제 떠났어야 했다는 생각에 마음이 걸렸어. 결정을 해야 하는 상황이었지.

귀국행 비행기를 타기 전까지 정확히 20일이 남았는데 생각보다 현재까지의 지출이 그리 크지 않아서 돈은 넉넉했어(넉넉해서 15만 원 정도?). 그래서 세비야나 리스본으로 가는 기차와 버스를 알아봤는데 그건 비싸서 탈 수 없었어. 그래서 그냥 힘들어도 히치하이킹을 계속 하기로 결정하려다가 '혹시 저가항공에 저렴한 좌석이 있지 않을까?'라는 생각에 검색해봤어.

저가항공의 대명사 라이언에어Ryan Air에 이틀 뒤 포르투opo행 비행기가 5만 원대의 특가로 판매 중이었어! 남은 예산에서 5만 원을 빼도 넉넉했고(10만 원이면 충분하잖아?), 여러모로 비행기를 타고 한 번에 포르투까지 이동하는 건 좋은 선택이라고 생각했어. 비행기 표를 구매하기 전에 다시 한 번 건호와 혜빈이에게 정말 가도 되는지 몇 번을 물었는데, 마음씨 착한 건호와 혜빈이는 오늘은 자신이 호스트라며 기다리고 있겠다고 했어. 상냥하고 고마운 건호와 혜빈이 덕분에 포르투행 티켓을 발권하고 숙소로 향했어.

아이들에게 숙박비를 주려 했지만 둘 다 받으려고 하지 않았어. 대신 오늘 하루 호스트가 될 테니 재미있는 여행 이야기와 요리를 만들어 달라고 했어. 호스텔에는 공용 주방이 있어서 장을 보고 재료를 사서 파스타와 리조또를 만들어 주었어. 해 줄 수 있는 게 요리 뿐이었으니까. 그렇게 함께 저녁을 먹고, 상그리아와 맥주를 마시며 여행 이야기를 하면서 고되고 피곤했던 하루를 편하게 마무리했어.

비록 안달루시아의 다른 도시는 갈 수 없었지만 무리해서 갔다면 아마 여행 중 탈진하거나 몸살로 고생깨나 했을 거야. 기본 40도가 넘는(무르시아는 심지어 50도를 넘길 때도 있어) 도시를 오랜 시간 걸으며 히치하이킹을 하고 여행을 하는 일정을 소화하는 건 지금 생각하면 무리였을 것 같아. 마음 굳게 먹고 했다면 갔을지는 모르지만 즐기기엔 몸이 너무 고생했을 일정이니까.

안달루시아 어딘가에서 말라 죽지 말라며 진심으로 걱정하고 친절을 베풀어준 건호야, 혜빈아, Muchas Gracias!

100만 원으로 여행할 수 있는 꿀팁 32.

가끔 저가항공사 홈페이지에 특가가 나오거나 사람들이 많이 예매하지 않은 노선의 경우 기차나 버스보다 더 저렴한 가격의 티켓을 구매할 수 있어. 특히 라이언에어는 10유로 미만에 티켓을 판매하기도 해. 일일이 저가항공사 홈페이지를 찾아가기 귀찮다면 스카이스캐너, 카약, 구글플라이트, 플라이윙즈 등 다양한 항공권 비교 사이트에서 한 눈에 비교할 수도 있어!

에피소드 33.
멍청아! 또 길을 잃었니?

| 건호와 혜빈이는 이탈리아 로마로 떠나고, 난 opo행 비행기를 타기까지 이틀의 시간이 더 남아 있었어. 다른 도시를 둘러보고 돌아오기에는 위험한 일정이라고 생각해서 발렌시아에서 호스트를 구하려고 카우치서핑으로 메시지를 보내기도 하고 현지인에게 말을 걸며 다시 내 여행다운 여행을 시작했어. 하지만 발렌시아에서 호스트를 구하는 건 생각보다 순탄치 않았어. 관광객이거나 현지인이 아닌 경우가 많았거든. 게다가 40도가 넘는 스페인 남부의 살인적인 더위 때문에 외출하는 사람도 극히 드물었어.

정오부터 잘 곳을 구했는데 해질녘 즈음 호스트 아메드^{Ahmed}에게서 초대장이 왔어. 아메드는 이집트 출신의 포토그래퍼인데, 일

때문에 마드리드와 발렌시아를 오가며 지내고 있다고 했어. 우리는 가볍게 저녁을 만들어 먹고, 해변을 산책하러 나갔어. 그의 집이 발렌시아 해변 근처에 있었거든.

모래로 만든 예술작품이 가득한 발렌시아 해변을 산책하는데 아메드가 사실 친구들과 모임이 있는데 함께 가는 건 어떻겠느냐고 제안했어. 이젠 호스트의 친구를 만나지 않으면 어색할 정도로 익숙하잖아?

아메드는 친구들과 저녁 열한 시에 만나기로 했는데 해변을 돌아다니면 만날 수 있다고 했어. 해변 끝에서 끝까지 세 시간이 넘는 광활한 해변을 돌아다니다 보면 찾는다고? 황당했지만 일단 그를

따라 걸었어. 그런데 놀랍게도 그를 따라 30분 정도 걷다 보니 우연히 친구들을 만났어. 그가 쉽게 찾을 수 있다고 호언장담한 이유가 있었어. 스무 명쯤 되는 사람들이 스피커로 크게 노래를 틀고 시끄럽게 이야기를 나누고 있었거든. 눈에 확 띄는 친구들이었지.

술과 음악 그리고 여행 이야기를 하며 즐거운 시간을 보내는 데 갑자기 사이렌 소리가 크게 울렸어. 당황한 나와는 다르게 다른 친구들은 분주하게 움직였어. 알고 보니 발렌시아 해변에서 음주는 금지되어 있었어. 그래서 다들 술을 숨기거나 버린 거였지. 친구들의 발 빠른 대처에 경찰은 눈치채지 못하고 가벼운 질문 몇 개만 하고 돌아갔어. 아무 일 없이 마무리되긴 했지만 불법이라는 걸 알고 나니까 마음이 불편해지고 급하게 피곤함이 몰려왔어. 여행을 하면서 크든 작든 불법적인 일을 하고 싶지는 않았거든(어글리 코리안 소리를 들을 수는 없잖아?).

자리를 정리하고 다른 장소로 옮길 때 아메드에게 먼저 집으로 돌아가도 되겠냐고 물어보았어. 아메드는 자신은 더 놀다 가겠다고 열쇠를 주며 먼저 가라고 했고, 난 새벽 두 시에 집으로 돌아가기로 했어.

오는 길은 분명히 그리 멀지 않았는데 돌아가는 길이 도무지 기억이 나지 않았어. 걸어서 15~20분 거리로 기억했는데, 30분이 지나도 가면 갈수록 못 보던 곳이 나타났어. 술에 취한 것도 아닌데 길을 못 찾다니! 설상가상으로 아메드의 집 주소를 적어둔 핸드폰도 꺼졌어. 한 시간을 거리를 헤매다 다시 해변으로 돌아가서 아메드를 찾았지만 자리를 이동한 친구의 모습을 찾을 수 없었어.

런던에서 길을 잃고 난 후로 집 주소를 항상 외우고 다녔는데 한 달 동안 편하게 지내면서 긴장을 너무 풀어버렸어. '이 멍청아, 또 집주소를 까먹었냐'며 나 자신을 혼내면서 최대한 집과 가까운 곳으로 가려고 기억을 더듬으며 걸었지만 막막했어. 게다가 한 시간을 길에서 헤매니까 아메드가 먼저 집에 도착했을까 봐 더 걱정이 되었어. 열쇠가 하나뿐이어서 먼저 가서 문을 열어주지 않으면 그도 들어올 수가 없는 상황이었거든.

새벽 세 시 반. 자동차도 별로 다니지 않는 골목에서 걸어가던 행인 세 명에게 용기를 내(나도 이 새벽에 길을 묻는 건 무서워……) 길을 물어보았는데, 집 주소도 아메드의 전화번호도 알지 못하는 나를 어떻게 도와줄 수 있겠어. 아무 소득도 없이 멍청함만 증명하고 그들을 보내고 나니까 카우치서핑에 아메드의 집 주소가 있는 게 생각났어. 메시지에 그가 보내준 주소가 남아있었거든!

길을 헤매며 도와줄 사람을 찾다가 운동을 마치고 집으로 돌아가는 길이던 데이비드David를 만나 그에게 도움을 청했는데, 그는 집을 찾아준 건 물론이고 집 앞까지 데려다 주었어. 여행을 하면서 길을 찾는 감각이 확실히 늘었는지 어렴풋한 기억을 더듬으며 걸어간 그곳에서 바로 한 블록 떨어진 곳에 집이 있었어. 다행히 내가 아메드보다 집에 먼저 도착했고, 그는 새벽 다섯 시가 넘어서 귀가했어.

새벽 늦은 시간 낯선 사람이 도움을 요청하면 위험한 일이라 다들 꺼려할 것 같았는데 모두 자기 일인듯 도와주었어. 도움이 필요한 사람의 진심은 다른 사람의 눈에도 보이나 봐. 물론 이런 사람의 따뜻한 마음을 이용해 범죄에 악용하는 나쁜 사람들을 조심해야 하지만!

여행을 하면서 얻은 가장 큰 수확은 상대가 거절할까봐 두려워하지 않고, 거절을 받아들일 줄 아는 작은 용기가 생겼다는 거야. '상대가 거절하면 어쩌지'라는 두려움에 먼저 다가가 묻거나 도움을 청하는 게 힘들었거든.

도움을 청하는 것이 상대방을 귀찮게 하는 일일 것 같지만 크고 작은 도움을 받아야만 할 수 있는 여행을 하면서 부탁받은 사람 대부분은 진심으로 도와주고 싶어 한다는 걸 알았어. 많은 사람들이 도움을 주지 못할 땐 다들 진심으로 미안해하거나 아쉬워했고, 도움을 주고 난 후에는 다들 뿌듯해하거나 자기 일처럼 좋아했지. 데이비드 또한 자신이 도울 수 있다는 사실에 몹시 뿌듯하다며 좋아했거든.

여행을 하면서 도움이 필요한 상황이 생길 때가 있어. 물론 이런 상황이 오지 않으면 좋겠지만 우리 마음대로 되는 건 아니잖아. 그럴 때 도움을 요청하는 것을 너무 망설이지 마. 무리한 부탁이라면 상대가 불쾌해 할 수도 있지만, 그게 아니라면 쉽게 도와줄 수 있는 것일 수 있거든.

'새벽 늦은 시간이니까', '언어가 통하지 않으니까', '상대의 물건을 잠시 빌려야 하니까', '너무 무리한 부탁이니까 거절할거야'라고 생각했다면 아마 난 지금까지 발렌시아 해변을 헤매고 있을지도 몰라

100만 원으로 여행할 수 있는 꿀팁 33.

혹시 네가 길치라면, 아니 정확히는 길치가 아니더라도 구글맵 '즐겨찾기' 기능을 유용하게 활용하길 바라. 길 찾는 데는 누구보다 자신 있어 하던 나도 런던과 발렌시아에서 두 번이나 길을 잃은 후에야 자만은 화를 부른다는 걸 깨달았어. 우선 집에 도착하면 집 주소를 물어본 후 메모하고(핸드폰과 종이 둘 다!) GPS를 이용해서 즐겨찾기에 집 위치를 추가해. 그러면 나처럼 새벽에 길을 잃고 집을 못 찾는 일은 없을 거야.

에피소드 34.
초대받지 않은 축제에 나타난 깜짝 스타

이비자와 부뇰, 발렌시아를 여행하면서 하루도 일찍 잠을 잔 적이 없었어. 이틀 밤을 새우며 논 날도 부지기수였지. 그래서 발렌시아에서의 마지막 날은 놀기보다는 그동안 쌓인 피로를 풀고 싶었어. 아메드도 전날 새벽 다섯 시까지 놀다 와서 피곤했는지, 말도 안하고 화장실도 한 번 다녀오지 않고 열두 시간이 넘도록 잠만 잤어. 둘 다 눈을 떴을 때는 이미 저녁이어서 가볍게 저녁 식사만 하고 다시 발렌시아 해변으로 나갔어. 친구들과 비치발리볼 경기를 하기로 했거든!

뜨거운 햇살 아래에서 살을 태우며(가뜩이나 까만데!) 세 시간이 넘도록 비치발리볼을 하다 보니 어느새 해가 져서 친구들과 헤어져야 했어. 다음 날 새벽 비행기를 타고 포르투갈 포르투로 넘어가

야 했기에 아메드와 작별인사를 했어. 아메드는 다음 이집트 여행 때 다시 만나기로 하고 밤 열한 시에 발렌시아 공항으로 향했어.

아메드의 집에서 발렌시아 공항까지는 15킬로미터 정도 떨어져 있었어. 쉬지 않고 세 시간을 넘게 걸어야 도착할 거리여서 아침 여섯 시 30분 비행기였지만 밤 열한 시에 출발했어. 시간 여유가 있어서 넉넉하게 다섯 시간 뒤에 도착할 계획으로 중간중간 벤치에서 적절하게 쉬면서 걸었어.

천천히 쉬어가며 가다가 공항을 4킬로미터 앞둔 새벽 두 시, 어디선가 시끄러운 음악소리가 들리고 시끌벅적한 소리가 났어. 새벽 두 시에 음악과 사람들 소리라니! 파티 기운이 스물스물 했지! 당연히 궁금하잖아? 혹시 파티가 열릴지도 모른다는 생각에, 참새

는 방앗간을 그냥 지나치지 못하고 음악소리를 따라 발걸음을 옮겼어.

음악소리에 이끌려 마을에 도착했을 때 난 내 두 눈을 의심했어. 부뇰에서 본 라토마티나 전야제를 연상케 하는 마을 축제가 열리고 있었거든! 200미터쯤 되는 거리 양쪽을 바리게이트로 통제하고, 마을 주민 모두 거리에서 장작에 불을 붙이고 큰 솥에 빠에야를 만들고 있었어. 그리고 집집마다 대문 앞에 큰 테이블을 놓고 가족, 친구끼리 모여 축제를 즐기고 있었어. 새벽 두 시가 넘은 시각에! 당연히 거리에는 스페인 축제에 빠질 수 없는 와인과 상그리아가 가득했지!

　부뉼보다 훨씬 작은 마을 축제(마치 청주 내덕동 야시장 같은)였지만 오히려 작은 마을에서 열리는 축제여서 더 신기하기도 하고 신났어! 그런데 정작 신기한 건 나보다 마을 주민들이었던 것 같아.

　새벽 두 시, 관광객이 전혀 오지 않는 동네에 태극기가 달린 90리터짜리 배낭을 멘 동양인의 등장은 온 마을 주민의 호기심을 자극하기에 충분했지. 처음엔 다들 멀리서만 바라보다가 내가 먼저 다가가 사진을 찍자 순식간에 주위로 수십 명이 우르르 몰려들었어. 이 순간만큼은 내가 이 동네의 가장 핫한 스타임이 분명했지. 한 걸음을 떼기 무섭게 동네주민과 한 번씩 사진을 찍어야 했고, 여기저기서 술을 건네는 사람들 덕분에 순식간에 열 잔이 넘는 상그리아를 마셨어. 사람들은 서로 자신의 집에서 만든 빠에야가 가장 맛있다며 먹어보라며 권했지. 살면서 이제껏 이렇게 많은 생면부지의 사람들에게 환영을 받아본 적이 있었나 싶어.

세 시간이 넘도록 무거운 배낭을 메고 걷다 보니 허리도, 어깨도, 다리도, 발도 아프지 않은 곳이 없어서 빨리 공항에 도착해 쉬고 싶었어. 하지만 만약 그냥 지나쳤다면 이런 멋진 축제의 깜짝 스타가 되는 일은 경험할 수 없었겠지?

지금도 이 마을이 정확히 어디인지, 어떤 축제였는지, 왜 이런 축제를 하고 있었는지는 몰라. 하지만 나만 유일하게 알고 경험해본 축제라니! 유명한 축제들은 관광객을 돈으로 보는 경우가 많아. 하지만 아주 작은 마을 축제에서는 마을 사람의 따뜻한 관심을 받는 주인공이 될 수 있어. 평범한 걸 거부하고, 너만의 특별한 경험을 원한다면 가이드북을 손에서 내려 놓고 자유롭게 걸어봐!

호기심을 억누르지 마. 너의 끓어오르는 파티 본능을 따른다면 새로운 세계가 펼쳐질 거야!

100만 원으로 여행할 수 있는 꿀팁 34.

우연히 지나던 작은 마을에서 축제가 열리고 있다면? 주저하지 말고 먼저 다가가 봐! 이 날은 식비를 전혀 쓰지 않아도 될지 몰라. 유명한 축제는 상업적이기에 오히려 식비가 평소보다 더 나오겠지만, 마을의 작은 축제는 정을 나누는 축제인 경우가 많아. 마을 주민과 반갑게 인사하고, 편하게 이야기를 나누다보면 어느새 양 손 가득히 음식과 술잔이 있을지도 몰라(특히 스페인 남부에서)! 어떻게 하면 빨리 친해지냐고? 먼저 사진 찍자고 말해봐! 스페인 사람들은(Once Again! 특히 스페인 남부는) 사진 찍자고 다가오는 널 몹시 반겨줄 거야.

에피소드 35.
무려 열두 시간을 기다렸다고!
결국 오지 않은 호스트

| 보통 여행할 때는 숙소를 미리 예약하고 여행을 떠나지? 나와 비슷한 여행을 하는 여행자들도 대부분은 카우치서핑 호스트와 연락해서 일정을 확실하게 정하고 떠나. 하지만 자유롭게 여행하고 싶기도 했고, 내가 언제 어디에 있을지 몰라서 호스트와 함부로 약속을 할 수 없었어. 그래서 보통 도시에 도착하고 나서 숙소를 찾았어. 비행기 탑승 전 공항에서 카우치서핑 호스트들에게 메시지를 보내거나 다른 지역으로 이동하기전날 아침 일찍 다른 도시의 호스트들에게 메시지를 보낼 때도 있었지만 대부분은 현지에 도착한 뒤에 잘 곳을 구했어. 가끔 길이나 차에서 만난 사람들에게 초대를 받기도 했고.

좀 더 자세히 이야기하면 사전에 숙소를 미리 구하지 않은 건 크

게 세 가지 이유 때문이었어.

첫 번째는 불확실성. 버스나 기차 같은 대중교통을 이용한다면 연착을 제외하곤, 도착하는 시간과 장소를 미리 알 수 있지만, 히치하이킹으로 이동할 때는 언제 도착할지, 심지어 어디에 도착할지도 알 수 없는 경우가 많으니까.

두 번째는 스릴. 카우치서핑의 효율성 때문에 많이 이용하긴 했지만 길에서 현지인과 대화하며 자연스럽게 초대받는 게 더 스릴 있어. 카우치서핑은 호스트를 만나기 전에 미리 프로필을 보고 정보를 알 수 있어서 안전하긴 하지만 그만큼 스릴 넘치지는 않거든. 거리에서 우연히 만난 현지인과 몇 분 정도 대화를 나누고 그 자리에서 초대를 받아 가는 건 엄청 짜릿해! 게다가 그 사람에 대한 정보가 거의 없다 보니 함께 생활하면서 새롭게 알아가는 재미도 있고!

마지막은 불확실성. 카우치서핑은 오롯이 상대와 구두계약으로 이루어지는 관계라서 상대의 마음이 조금만 변해도 쉽게 약속이 깨져. 그래서 상처 받기 쉽지. 단순히 마음의 상처만 받으면 괜찮은데 그 호스트만 믿고 다른 호스트의 초대를 거절했다가 잘 곳이 모두 사라지는 경우에는 꽤 당혹스러워.

발렌시아에서 비행기를 타고 포르투갈 포르투에 도착한 후 평소처럼 공항에서 현지인을 찾으며 말을 걸었지만 많은 관광객 속에서 현지인을 찾기는 쉽지 않았어. 그래서 공항 와이파이를 이용해서 카우치서핑으로 호스트를 찾았지. 다행히 한 호스트가 자

신의 집에 초대하면서 저녁 여섯 시에 만나자고 했어. 공항에 도착한 시간은 아침 여섯 시였고 호스트를 만나려면 반나절이나 기다려야 했어. 그래서 지하철을 타고 서핑으로 유명한 마토지뉴스 _{Matosinhos}해변도 보고, 포르투 시가지로 이동해서 도시를 구경하며 그를 기다렸어.

 시간에 맞춰 약속 장소에 갔지만 30분이 지나도 호스트가 나타나지 않았어. 약속 장소에 호스트가 나오지 않은 건 처음 있는 일이라서 혹여 그에게 무슨 일이 생긴 건 아닌지 걱정이 됐어. 그에게 연락을 해봤지만 한동안 연락이 없다가 한 시간이나 지난 후에야 자기가 지금 일이 바빠서 그러니 여덟 시에 만나자는 답장을 받았어.

처음에는 별 일 없이 바빴다는 이야기에 이해했어. 하지만 그는 예상처럼 여덟 시에도 나타나지 않았어.

약속 시간을 미루는 그에게 조금 화가 났지만 정중하게 그에게 기다리고 있는데 오래 걸리냐고 물어보았어. 하지만 그는 자기가 오늘 일이 많아 바쁜데 보채는 나에게 실망(실망을? 네가? 나에게?) 했다며 갑자기 초대할 수 없다고 했어. 딱 두 번! 그것도 약속시간에 맞춰서 연락을 보낸 게 보챈 거라니! 게다가 그의 초대만 믿고 다른 호스트의 초대도 거절하고 열두 시간이나 기다린 나한테!

화가 났지만 우선은 잘 곳이 급하기에 화를 참고 그에게 상황을 설명했어. 하지만 그는 바쁘다는 말과 실망했다는 말만 반복하더니 답장조차 하지 않았어. 배신감과 수치심이 들었지만 별 수 없었지. 그에게 욕을 한 바가지 해주고 싶지 않았냐고? 속이 쓰리긴 했지만 그를 탓하거나 욕할 수는 없었어. 결과가 어찌되었든 처음에 그는 도움을 주려고 한 사람이잖아. 그리고 누군가를 욕해서 나에게 도움이 되는 것도 아닌데 마음만 더 상하게 욕하면 뭐하겠어. 오히려 빨리 잊고 현재를 즐기는 게 더 도움이 되겠다 싶었어.

여행 초반이었다면 꽤 당황했겠지만 여행을 통해 다양한 상황(예를 들면 비행기 탑승거부라든지, 새벽에 길을 잃는다든지, 경찰차에 탄다든지, 노숙을 하는 등)을 마주해왔기에 별일 아니라는 생각이 들었어. 개교기념일에 혼자 학교에 도착한 당황스러움 정도? 황당하긴 하지만 자신의 멍청함을 탓하는 정도. 이럴 때 같이 등교한 친구라도 만나면 동질감이라도 느꼈겠지만 아쉽게도 포르투에 그런 친구는 없었지.

다행히 난 이미 지난 일에 대한 포기가 빠르고 나쁜 일은 금방 잊는(잊으려고 노력하는) 편이야. 그래서 기분 전환을 위해 야경을 보러 도우루 강으로 향했어. '어차피 여기까지 온 김에 아름다운 포르투의 야경이나 실컷 보고 괜찮은 곳에서 노숙이나 하자'는 생각이었거든. 그리고 다음 날 새롭게 현지인에게 집 초대를 받으면 되니까 (어느덧 속 편해진 80일차 여행가의 마음).

포르투의 상징인 동 루이스 다리와 반짝이는 강이 어우러진 야경을 보다가 새벽 한 시가 넘어 노숙할 곳을 찾기 시작했어. 여기저기를 배회하며 노숙할 곳을 찾아 봤지만 마땅한 곳이 보이지 않아서 15킬로미터나 떨어진 공항에서 노숙을 하기로 마음 먹었어. 공항은 가장 안전한 노숙 장소니까!

밤이 되면 으슥한(그래서 야경이 더욱 화려하고 아름다운) 포르투의 골목을 한 시간쯤 걸었나? 갑자기 어두운 골목에서 누군가 "Korea!"를 외치며 나타났어. 누군지 궁금하다고? 다음 장에서 그의 정체가 밝혀져!

100만 원으로 여행할 수 있는 꿀팁 35.

여행 초반에는 그럭저럭 괜찮던 잔고도 후반으로 가면 갈수록 부족해지는 경우가 많지? 와이파이가 필요할 때 들리던 스타벅스나 맥도날드도 부담이 돼. 이때 주변에 프낙^{Fnac} 같은 전자기기판매점이 있다면 그곳으로 가봐. 특히 포르투의 프낙에는 손님을 위한 테이블과 의자가 있고 무료영화 관람도 가능해. 저녁 여덟 시까지는 무료 인터넷 사용이 가능하고 조용하게 시간을 보내기에 아주 좋아.

에피소드 36.
새벽 한 시,
으슥한 골목에서 나타난 남자

│새벽 한 시. 길에 주저앉아서 숨을 고르고 있는데 으슥한 골목에서 웬 남자가 나타나더니 나를 보며 "Korea!"라고 외쳤어(여기까지 이야기했지?). 컴컴한 새벽에 모자를 푹 눌러쓴 낯선 남자가 갑자기 골목에서 나오며 나를 향해 소리치는 상황에 누가 놀라지 않을까? 게다가 주변에 아무도 없어서 더 겁이 났어. 그런데 그 남자는 그냥 "코리아"만 외치고 자기 갈 길을 갔어.

안도의 한숨을 내쉬며 그를 보내려는데 갑자기 머리와 상관없이 방정맞은 입이 사고를 쳤어.

"Hey! Come on! What's up?"

어디서 나온 용기였을까? 낯선 남자도 꽤 용기가 넘치는 사람이었는지 내 외침에 다시 길을 되돌아왔어. 이 낯선 남자의 이름은 압달라Abdallah. 마치 영화 추격자의 하정우처럼 모자를 푹 눌러쓰고 걸어오는 그의 모습에 솔직히 괜히 불렀나 싶더라. 하지만 그를 부르면서 머릿속에 이 친구의 집에 초대받는 밝고 긍정적인 미래가 그려지는데 어쩔 수 없잖아?

걱정과 달리 그는 밝은 미소를 지으며 자신을 소개했어. 압달라는 아프리카 모로코 출신인데 가족에게 생활비를 보내려고 포르투에서 일을 하며 지내는 중이었지. 그에게 왜 "코리아"라고 외쳤는지 물어보니 그는 내 가방에 걸어 놓은 태극기를 보고 알았다며 한국에 대한 좋은 추억이 있다고 했어.

그는 몇 년 전 대우자동차 공장에서 일했는데, 당시 매니저가 한국인이었대. 한국인 매니저는 모든 근로자에게 친절하게 대해줬고, 특히 그가 자신의 능력을 높게 평가하고 또 한국인 특유의 정으로 편의를 많이 봐주었다고 해. 아플 때면 조기 퇴근도 시켜주고, 명절이면 집에서 만든 한국음식도 챙겨주는 정이 많은 한국인! 그래서 태극기를 보고 그 매니저 생각에 반가워서 "코리아!"를 외친 거였어.

좋았던 추억을 이야기하면서 자연스럽게 그의 목소리가 눈에 띄게 밝아졌고, 난 느낌이 왔어.

'오늘 잘하면 따뜻한 이불과 베개가 날 기다리겠구나.'

그는 자신의 이야기를 마치고 나에게 왜 새벽 한 시에 길에 앉아 있는지 물어보았고, 난 짧게 내 여행과 오늘 겪은 일을 이야기했어.

"난 100만 원으로 100일간 유럽여행을 하는 중이야. 오늘이 포르투에 도착한 첫날인데 실은 잘 곳을 구하지 못했어. 카우치서핑으로 호스트를 구했는데 그가 나를 열두 시간이나 기다리게 하고는 결국 약속을 깨뜨렸거든. 그래서 지금 공항에서 노숙하려고 걸어가는 길이야. 걷다 다리가 아파서 쉬던 중에 널 만난 거지."

공항까지 걸어간다는 내 마지막 말에 그는 몹시 놀라더니 이렇게 말했어.

"공항은 너무 멀어! 여기서 걸어가도 세 시간이 넘게 걸릴 거야. 난 지금 집으로 가는 길인데, 괜찮으면 오늘 내 집에서 자는 건 어때? 내 집은 여기서 10분만 걸어가면 나와."

처음 보는 사람을 쉽게 믿는 건 단점이라면 단점일 수도 있지만 가끔은 장점도 되는 것 같아. 새벽 한 시에 공항까지 13킬로미터를 더 걸어갈지, 아니면 그의 초대를 수락하고 아늑한 집에서 편하게 잘지를 고민할 필요가 있을까? 거절할 이유는 당연히 없지! 물론 누군가는 목숨을 담보로 도박을 한다고 할지도 모르겠지만, 이 판에서는 내가 타짜야. 그의 집으로 걸어가면서 세상 모든 운을 달고 여행을 하는 게 아닌가 싶었어.

압달라는 각 층마다 공동 화장실과 공동 주방을 사용하는 주택에서 원룸을 빌려 지내고 있었어. 각 층마다 방이 네 개씩 있는데 그의 방에는 야외 베란다도 있고, 크기도 넉넉했어. 원칙적으로는 손님을 집에 들이면 안 된다고 하는데, 다행히 집주인은 일주일 중 하루, 월요일에 청소만 하고 돌아가기 때문에 월요일만 주의하면 된다고 했어.

집에 도착하자마자 그는 식사를 하지 않은 날 위해 야식을 준비했어. 압달라는 레스토랑에서 이탈리아 음식을 만드는 요리사였고 이 날은 그가 퇴근하기 전에 포장해 온 음식을 데워서 함께 나누어 먹었어.

정말 여행 내내 헤르메스^{Hermes}(여행의 신)가 따라다니는지, 함께 지내는 기간 중 꼭 하루는 친구의 휴가와 겹쳤어. 압달라와 만난 다음 날도 일주일 중 딱 하루뿐이라는 그의 휴무여서 우리는 함께 바다로 놀러 가서 수영을 하기로 했어.

우리는 지하철을 타고 내가 첫날 혼자 다녀온 마토지뉴스^{Matosinhos}해변으로 향했어. 보통 여름 바다는 발을 담그면 따뜻한 편이잖아? 그런데 마토지뉴스는 달랐어. 이제껏 들어가 본 바다 중 겨울 바다를 포함해서 가장 차가운 바다였거든! 맹세코 난 엄살이 심한 편이 아닌데(정말이야) 발을 잠깐 담그기만 해도 발가락이 깨질 것 같은 차가움이었어. 나만 차갑다고 느낀 게 아니라고 확신한 건 우선 오후 두 시인데도 차가움을 모르는 압달라를 제외하면 아무도 수영을 하고 있지 않았고, 멋모르고 들어간 다른 두 사람이 나와 동시에 소리를 지르며 뒤돌아 뛰쳐나왔거든. 몇 번을 다시 입수하려고 시도했지만 발이 안 움직이더라. 상남자 압달라는 아무도 없는 차가운 바다에서 혼자 수영을 하며 물놀이를 즐겼어. 여기서 확실한 걸 하나 깨달았어. 아프리카 사람이라고 해서 꼭 추위를 많이 타는 건 아니라는 사실.

　물놀이를 마치고 돌아와 식사를 준비하면서 그는 혹시 컴퓨터를 잘 다루냐고 물어보았어. 그의 노트북은 바이러스 때문에 속도가 느려지고 필요 없는 팝업창이 떠서 사용하기 불편한 상태였어.

　한국의 어마어마한 컴퓨터 유스시스템(PC방) 덕분에 한국인 절반은 컴퓨터 박사 수준이잖아? 나도 어릴 적부터 체계적인 유스시스템에 잘 적응한 터라 컴퓨터에 대한 두려움이 없어. 컴퓨터 본체를 분리해보기도 하고, 포맷하다가 윈도우까지 싹 다 지운 적도 있지(뭐, 그러면서 배우는 거 아니겠어? 물론 엄청 혼나긴 했지만 말이야)……. 그래도 일단 컴퓨터를 한 번 살펴봤어. 팝업창까지는 내 지식 안에서 어떻게든 해결했지만, 해결이 안 되는 부분이 있었어. 하지만 걱정은 없었지.

구글과 네이버에는 이미 빌 게이츠보다 컴퓨터를 더 잘 아는 각 분야 전문가가 있고, 이들은 친절하기까지 해서 사진과 동영상에 빨간펜으로 번호를 매겨가며 해결책을 설명해 주거든. 그래서 한글을 읽을 줄 아는 정도의 문명인이면서 마우스를 자신의 의지로 상하좌우로 움직일 수 있을 정도의 운동신경을 가진 사람이라면 문제를 해결할 수 있지. 이렇게 전문가의 도움을 받아서 그가 2년 넘게 고통받아온 문제를 단 두 시간 만에 해결했어. 그는 너무 느려진 컴퓨터 때문에 아프리카에 있는 가족과 영상통화를 제대로 할 수 없었는데 다시 할 수 있게 돼 정말 좋다며 몇 번이나 고맙다고 말했어.

아마 처음에는 그도 날 초대할 때 하루 정도 묵고 헤어질 거라 생각한 것 같아. 나 또한 다음 날은 다른 호스트를 구할 생각이었지. 집에 손님을 들이는 게 원칙상 안 된다는 이야기를 들었으니 말이야. 그런데 함께 바다에서 해수욕을 즐기고, 요리도 만들어 먹고, 게다가 노트북까지 고쳐주니 그도 나와 함께 지내는 게 즐거웠던 것 같아. 다음 날 떠날 준비를 하는 나에게 그는 괜찮다면 포르투를 떠나기 전까지 자신의 집에서 함께 지내는 건 어떻겠냐고 제안했어. 도심과 가까운 집에 맑은 하늘이 보이는 베란다, 긍정적인 성격에 대화도 잘 통하고 항상 맛있는 음식을 만들어 주는 압달라까지! 거절할 이유가 없잖아? 이렇게 길에서 우연히 만난 그의 집에서 스페인 마드리드로 떠나기 전까지 일주일 동안 함께 생활하게 된 거야!

압달라는 일 때문에 퇴근 이후에만 함께할 수 있었어. 포르투는 작은 도시고, 혼자서 이곳 저곳 다니기보다 현지인과 함께 다니고 싶다는 마음에 낮에는 카우치서핑으로 다른 현지인을 만나 여행을 다니고 그 호스트의 집에 초대받아 식사를 하기도 하며 시간을 보냈어. 그리고 퇴근 시간에 맞춰 압달라의 가게 앞에서 기다렸다가 집에 돌아왔지. 퇴근 길에 함께 공원에서 피자를 나눠먹기도 하고 과일과 와인을 먹으며 이야기하면서 매일을 마무리했어.

어느 나라의 어떤 사람을 만나든 친해지면 이성에 대한 이야기가 빠지지 않는 것 같아. 우리는 각자의 이상형을 이야기하고 인터넷을 검색하며 각국의 미녀 연예인을 보여주기도 했어. 압달라는 여자친구와 결혼하고 싶은데 속을 많이 썩이는 여자친구 때문에 어찌해야 할지 모르겠다며 고민상담도 했어.

우리는 이렇게 진짜 친구가 됐어. 놀라운 사실을 하나 알려줄까? 이렇게 격의 없이 지내는 나와 압달라 이야기를 들으면 우리의 나이 차이가 몇 살 안 나는 것 같지만, 우리는 무려 14살이나 차이가 나! 물론 내가 14살 어려. 띠동갑이 넘는 나이 차이지만 우리는 세대 차이를 전혀 느끼지 못했어. 한국이었으면 '삼촌' 혹은 '형님' 그도 아니면 '아저씨'라고 불렀을지도 모르지만 우린 항상 서로를 "Bro"라 부르며 말도, 행동도 모두 동갑내기 친구처럼 스스럼 없었지.

만나서 헤어질 때까지 우린 서로의 나이를 물어본 적이 없어. 압달라가 동안이어서 어림잡아 30대 중반쯤 될 거라 생각했는데, 글을 쓰며 그의 페이스북을 확인하고 생각보다 나이 차이가 많이 나는 걸 알았어. 하지만 나이를 알았어도 우리의 모습이 과연 달랐을까?

옅은 우연을 진한 인연으로 바꾸는 힘은 긍정적인 생각에서 나온다고 생각해. 어떤 좋지 못한 상황을 마주해도 긍정적인 생각을 가지면 상황은 분명 변할 거야. 꼭 여행이 아니더라도 말이야. 압달라와 처음 만났을 때 두려움과 피곤함 때문에 그를 그냥 보내거나 무시했다면 이런 잊지 못할 추억은 만들 수 없었겠지? 하지만 '혹시 이 사람은 좋은 사람이지 않을까? 그리고 내 이야기를 듣고 나

면 날 초대하고 싶어 할지도 몰라!'라는 긍정적인 생각을 갖고 그
와 대화를 했기에 이 좋은 추억을 만들 수 있었어.

새벽 한 시, 낯선 사람, 동양인, 집의 규칙, 좁은 방 등 거절의 이유
를 꼽으라고 한다면 끝이 없어. 그러니 거절할 이유를 생각하지 말
고 승낙할 이유를 생각해봐! 난 항상 현지인에게 날 집으로 초대하
는 게 어떻겠냐고 물어볼 때마다 이렇게 생각했어.

'내가 너의 하루를 특별하게 만들어줄게! 날 초대하면 평범할 뻔
한 하루가 특별해질 거야. 게다가 난 정말 재미있는 이야기를 잔뜩
가진 매력쟁이라고!'

이들에게 많은 도움을 받는다고 생각할 수도 있지만, 네가 그들
에게 특별함을 선물한다는 관점으로 바라볼 수도 있어.

절망스러운 상황에서도 가능성을 찾고 다양한 관점으로 상황
을 바라본다면 여행하면서 혹은 살면서 어떤 어려운 상황에 맞닥
뜨리더라도 분명히 좋은 일이 일어날 거야. 내가 보증할게!

100만 원으로 여행할 수 있는 꿀팁 36.

좋은 날도 있지만 어떤 날은 잘 안 풀리는 날도 있어. 호스트가 약속을 급하게 깨버려서, 갑자기 갈 곳이 사라졌는데 늦은 밤이라 호스트를 구하기도 쉽지 않을 때, 붐비는 고속도로 휴게소에서 히치하이킹을 몇 시간 동안 해도 아무도 널 태워주지 않을 때 등 내 계획대로 잘 풀리지 않을 때가 많아. 이때 중요한 건 포기하지 않는 마음과 긍정적인 마인드야. 좀 더 현실적인 나만의 비법은 '혹시'를 끊임없이 외치는 거야. '혹시 저 차가 날 태워주지 않을까?', '혹시 저 사람이 날 오늘 초대하지 않을까?'라고 외치며 적은 가능성이라도 일단 희망을 가지고 보는 거지. 상대는 그 긍정적인 기운에 이끌려서라도 초대해 줄지 몰라.

변태는 정말 싫어! 도망친 마드리드

│ 꿈같던 포르투에서의 일주일

이 지나고, 나는 비행기를 타고 스페인의 수도 마드리드로 향했어.

그런데 저녁 여덟 시 30분 비행기를 예매해서 마드리드 공항에 밤

열한 시에 도착했어. 비행기를 예매할 때는 항상 히치하이킹을 할

생각으로 이른 비행편은 예매해도 늦은 비행편은 예매하지 않기로

정했는데 대체 무슨 생각으로 이걸 예매한 걸까? 아직까지도 미스

터리야⋯⋯.

비행기를 탈 때도 남들처럼 편하게 쉴 수는 없잖아? 주변을 탐

색해서 현지인과 대화해야 하니까! 옆좌석에 앉은 에스파뇰 페드

로Pedro와 친해졌지만 아쉽게도 그는 마드리드 공항에서 환승해서

프랑스 파리로 가는 길이었어. 창가 자리에 앉아 옆자리에 있는 페

드로가 유일한 주변사람이었고, 비행시간도 두 시간이어서 금세 마드리드에 도착했어. 그래서 그와 함께 마드리드 공항에서 노숙을 하고 다음 날 일찍 호스트를 구해 마드리드 시가지로 이동하려 했지.

공항에 도착한 뒤 페드로가 샌드위치를 사주어서 함께 끼니를 해결하고, 공항 와이파이를 이용해 카우치서핑으로 여기저기 메시지를 보냈어. 하지만 워낙 늦은 시간이어서 아무에게도 답장이 오지 않았지. 그래서 페드로와 공항 한적한 곳에 자리를 잡고 자려고 누웠는데 호스트에게서 답장이 왔어! 밤 열두 시 반에!

연락이 온 호스트의 이름은 세바스찬^{Sebastien}. 그는 일을 하느라 깨어 있었다며 내게 답장을 보냈어. 마드리드 중심가에서 지내니 전철을 타고 자신의 집으로 오라는 초대 메시지를 말이야! 가까스로 막차(지하철)를 타고 마드리드 중심가로 향했어. 그의 집 앞에 도착해 벨을 누르니 그가 덤덤하게 문을 열어주었어.

우선 장점부터 이야기하면 새벽 두 시에 공항이 아닌 아늑한 방과 침대가 생겼어. 단점은 세바스찬이 변태였다는 것.

그 어떤 장점도 한 번에 무력화시키는 단점이지? 당연한 말이지만 처음엔 그가 변태인 줄 몰랐어. 잘 곳이 생겼다는 기쁨에 그의 프로필을 자세히 확인하지 않았거든. 그리고 이제까지 여행을 하면서 호스트를 만나기 전에 문제가 생긴 경우는 있었지만 호스트를 만나고 나서 문제가 생긴 적은 없었어. 이번에는 운이 좋지 않았던 거지.

아니, 솔직히 인정할게. 방심했어. 호스트에 대한 정보 확인은 필수인데, 여행을 길게 하기도 했고 이제까지 좋은 사람만 만나면서 긴장의 끈이 느슨해졌어.

변명을 조금 하자면 사진으로 봤을 때도, 그와 첫 인사를 나누었을 때도 그의 첫 인상은 나쁘지 않았어. 그는 사전에 메시지로 게이이면서 누디스트라는 걸 밝혔는데, 둘 다 이미 많이 만나봤기에 별 문제가 되지 않았어. 이제 이 정도는 아무것도 아니잖아? 하지만 변태는 이야기가 다르지.

대화가 문제였어. 일단 한 번 시작한 대화는 "And then"으로 이어져서 문장이 끝나질 않았어. 이건 괜찮았어. 진짜 문제는 그 대화가 전부 성적인 대화였다는 거야. 이것도 성적 가치관이 비슷했다면 괜찮았을 수도 있는데 아쉽게도 그의 대화는 온통 '게이섹스'나 '게이여행' 혹은 '퀴어축제'에 관한 이야기뿐. 최대한 이해해보려고 노력했지만 한 시간이 지나도, 두 시간이 지나도 그의 이야기는 끝날 기미가 보이지 않았어. 오히려 수위가 더 진해지기만 할 뿐이었지.

최대한 다른 대화로 유도하려고 취미, 영화, 음악, 스포츠 심지어 정치까지 정말 다양한 주제를 말해봤지만 그는 대화의 마술사였어. 대화의 시작이 뭐든 어떻게든 결론을 게이 이야기로 마무리하는 마법을 보여주었지.

영화로 이야기의 물꼬를 트면 게이 영화에 대한 설명으로 이어지고, 음악으로 주제를 바꾸면 섹스와 관련한 음악(얼마나 성적인 가사가 나오는지, 이 뮤지션은 게이다 등)을 이야기하고, 스포츠로 바꾸면 게이 선수의 성생활에 대한 이야기로 마무리를 지었어. 와, 진짜 놀랍더라. 이렇게 다양한 이야기를 기승전'게이'로 끝낼 수 있는 그의 능력에 나중에는 감탄할 정도였어.

그래도 늦은 밤에 초대해준 호스트이기도 하고, 내가 피곤해서 예민하게 받아들이는 건지도 모른다는 생각에 예를 갖춰 두 시간이 넘도록 그의 이야기를 들어주었어. 하지만 계속 이어지는 불편한 대화 때문에 그에게 피곤해서 오늘은 자러 가고 싶다고 말했어. 그는 몹시 아쉬워하는 모습을 보였지만 3일간 마드리드에서 머물기로 했으니 다음 날 이야기를 더 하자며 인사했어.

여행 중 최초로 방문을 잠그고 혹시 모를 상황(?)에 긴장하면서 자서 그런지 다음 날 일어나서도 몸이 개운하지 않았어. 전날의 찜찜함을 없애고 싶어서 그에게 산책을 제안했어. 상쾌한 아침공기를 마시면서 움직이면 좋은 이야기를 할 것 같기도 했거든. 어제는 새벽이기도 하고, 자기 이야기를 하다 보니 그런 대화로 이어진 걸지도 모르잖아? 그도 내 제안이 마음에 들었는지 근처에 공원이 있다며 개를 데리고 산책을 가자고 했어.

마드리드의 따뜻한 햇살과 선선한 바람 그리고 푸른 나무와 잔디가 깔린 공원을 보니 밝고 건강한 이야기가 가능할 것 같았어. 그런데 내가 너무 많이 바란 걸까. 생각해보면 당연한 건데 장소가 바뀐 거지 사람이 바뀐 게 아니더라. 푸른 잔디와 맑은 호수가 있는 공원에서도 여전히 똑같은 대화가 이어졌어. 게이, 게이, 게이……. 난 어젯밤처럼 어떻게든 다른 주제로 바꾸려고 노력했지만 그의 언어 마술을 이길 수 없었어. 어떻게 전자공학 이야기를 아주 자연스럽게 콘돔과 연결해서 대화를 이어갈 수 있지?

더 이상은 안 되겠다 싶어서 그에게 '게이'에 관한 이야기는 이제 그만해줄 수 있는지 조심스럽게 물어보았어. 계속해서 게이 이야기만 하는 게 나에게는 불편하다고 말했지. 그는 내 말에 노골적인 불만을 표현하며 알았다고 하더니 이번에는 '마사지' 이야기를 하기 시작했어. 그러면서 자신이 마사지를 몹시 잘한다며 나에게 보여주고 싶다고 하는 거야. 게스트들이 자기 마사지를 받고 엄청 만족(?) 했다면서 말이야!

뭉친 근육을 풀어주고 피로회복에도 좋은 마사지. 정말 좋지. 필리핀과 인도네시아를 여행한 후 돌아올 때 마사지 오일을 잔뜩 사왔을 정도로 난 마사지를 좋아해. 게다가 여행이 고되면 고될수록 근육을 풀어주는 마사지는 심신을 안정시켜줘. 그렇지만 이 순간만큼은 마사지를 좋아할 수 없었어. 이게 단순 마사지가 아닐 거라는 확실한 예감이 들었거든. 오감에 진돗개 하나를 발동하고 그에게 말했어.

"I hate a massage. I don't want to be touch by somebody."

단호박보다 더 단호한 내 대답에 그는 잠시 흠칫했지만 이내 자신은 다른 마사지사와 다르다며(뭐가 다른 건지 전혀 궁금하지 않은데!) 무료 체험 영업을 시작했어. 하지만 이미 진돗개 하나를 발동한 나야. 호락호락 영업에 넘어갈 수 없잖아? 팔뚝을 만지려는 그의 손길에 화들짝 놀라 저 멀리 떨어진 후 재빨리 그에게 마드리드 시내를 구경하러 나가야겠다고 했어. 그는 자신은 외출을 하고 싶지 않다며 계속해서 마사지 이야기를 했고, 난 외출 후에 보자고 말하고 바로 마드리드 시내로 향했어.

곧바로 근처 스타벅스로 향한 뒤, 새로운 호스트를 구하는 데 총력을 다 했어. 아마 이날이 여행을 통틀어 가장 열심히 호스트를 찾은 날일걸? 그만큼 절박한 상황이었으니까. 저녁 시간 전까지 초대를 받지 못하면 행인 100명과 대화를 하겠다고 굳게 다짐할 정도였어.

다행히 새로운 호스트 미겔Miguel이 내 이야기를 듣고 더 이상 그 집에서 위험하게 있지 말고 나오라며 자신의 집에 초대했어. 실수를 반복하지 않으려고 미겔의 프로필을 꼼꼼히 확인했지만 그는 흠 잡을 데 없이 좋은 호스트 같았어. 레퍼런스(후기)에도 칭찬이 가득했지. 그가 좋은 사람이라는 확신이 들었고, 약속 장소와 시간을 정했어. 이제 탈출해야지!

세바스찬에게는 일정을 급하게 바꿔 다른 도시로 가기로 했다고 말하며 작별 인사를 했어. 아무리 상대가 싫어도 "네가 싫어서 나갈 거야"라며 상처를 주면서 떠나고 싶지는 않았거든. 하지만 끝까지 가기 전에 마사지를 받고 가는 게 어떻겠냐는 끈질긴 물음에 혀를 내두르게 되더라.

그의 집을 뒤로 하는 발걸음은 가벼웠지만 한편으로는 씁쓸했어. 새벽에 공항에서 노숙을 하려던 여행자를 늦은 시간에 자신의 집에 초대까지 해준 좋은 사람인데, 그와 좋은 시간을 보내지 못했다는 사실이 말야. 그리고 여행 중 유일하게 좋지 못한 마무리를 한 호스트라는 점도.

카우치서핑에서 비슷한 일이 종종 일어난다는 이야기는 들었지만 믿지 않았어. 아니, 솔직하게 말하면 믿고 싶지 않았지. 철부지처럼 느껴질지 모르지만, 난 부정적인 면은 보고 싶지 않았고 그런 일은 정말 극소수에게 일어난 게 부풀려진 거라는 걸 증명하고 싶었어.

'세상엔 좋은 사람이 가득하고 나쁜 일은 극히 드물다.'

이게 내 여행의 모토거든. 그래서 많은 사람이 위험하다고 말린 여행이 나에겐 그리 위험하게 느껴지지도, 무섭지도 않던 거였어. 물론 이번 일로 실망하긴 했지만 그렇다고 풀이 죽거나 하진 않았어. 이런 일도 있구나 싶은 정도? 교훈도 얻고 책에 쓸 이야깃거리도 생겼다는 생각에 웃음이 났는걸!

카우치서핑은 오롯이 상대와 나의 믿음으로 이루어지는 만남이라서 둘 중 한 사람이라도 불순한 의도를 가지고 있거나, 약속을 지키지 않는다면 위험할 수 있어. 그래서 항상 만나기 전에 자세히 알아보고 레퍼런스도 꼼꼼히 확인하는 등 조심해야 하지. 내 경험으로 미루어봤을 때 세바스찬 같은 사람이 많다고 생각하지는 않아. 이제껏 함께 여행하면서 봤듯이 종교, 지역, 국적, 나이, 재력, 성별에 상관없이 따뜻한 마음씨를 가진, 남을 돕기를 좋아하는 사람이 더 많으니까. 그리고 난 이런 좋은 사람을 만났기에 좋은 시간을 보낼 수 있었지. 하지만 간혹 나쁜 상황도, 나쁜 사람도 마주할 수 있어. 이 날처럼 꼭 좋은 사람만 나타나는 건 아니니까. 겉으로 좋아 보이는 사람이 돌변할 수 있으니 항상 긴장하고, 상황이 이상하다고 판단하면 돈을 조금 쓰더라도 호스텔에 가는 걸 추천할게!

새로운 호스트 미겔은 세바스찬과는 정반대 성향의 사람이었어. 과묵한 편에 사생활을 일절 물어보지 않았거든. 평소라면 호스트와 오랫동안 수다를 떨면서 시끌벅적하게 보내는 걸 선호하는 나지만 이 날만큼은 마음 편히 쉬고 싶었는데 그와의 만남은 아주 완벽했어. 그가 함께 저녁을 먹고 각자의 시간을 보내자고 했거든. 나는 글을 쓰고, 그는 TV를 보면서 쉬었지. 몸과 마음 모두 편안하

게(그리고 안전하게) 하루를 마무리하고 다음 날 마지막 목적지인 몰타로 가려고 미겔과 작별인사를 하고 일찌감치 공항으로 떠났어.

여행하면서 좋은 일이 많았지만 한편으로는 고민도 있었어. 책에 즐겁고 좋은 이야기만 가득한 것보다는 스릴 있는 위기도 있으면 좋겠다고 생각했거든. 하지만 이런 위기를 원한 건 아니었어. 절대. 이렇게까지 스릴 있는 걸 바라지 않았거든……. 다행히 잘 마무리했고 덕분에 이런 이야기를 할 수 있지만, 두 번 다시 경험하고 싶진 않아.

100만 원으로 여행할 수 있는 꿀팁 37.

마드리드공항에서 도심까지 가는 방법은 크게 세 가지가 있어. 버스와
지하철 그리고 렌페야. 이 중 가장 저렴한 방법은 렌페를 이용하는 거야.
편도 2.6유로(2016년 기준)면 갈 수 있지. 다음으로 저렴한 지하철이 5유
로니까 편도 가격이 거의 렌페의 왕복가격에 가까워! 훨씬 저렴하지? 하
지만 열두 시가 넘으면 지하철과 버스밖에 운행하지 않아.

에피소드 38.
네가 꿈꾸는 그 곳,
투명한 지중해 위의 둘만의 아지트!

| 아름다운 지중해가 보이는 언덕 위에 너만의 아지트가 있으면 어떨 것 같아? 바다에서 수영하다가 쉬고 싶으면 친구와 시원한 맥주 한잔하거나 낮잠을 즐길 수 있는 곳! 상상만 해도 행복하지? 여행자라면 누구나 한 번쯤 꿈꾸는 상황이지만 경험하려면 비싼 돈을 주고 휴양지로 휴가를 떠나야 가능한 일이야. 하지만 난 몰타의 고조섬에서 만난 아욥Ayyuob 덕분에 이런 꿈 같은, 환상적인 휴가를 즐길 수 있었어.

어느덧 여행도 90일이 지나 마지막 나라인 몰타에 도착했어. 몰타는 유럽 내에서 바티칸 다음으로 작은 나라로, 제주도의 6분의 1 정도로 작은 섬이야. 몰타는 여섯 개의 섬으로 이루어져 있는데 몰타섬Malta, 고조섬Gozo, 코미노섬Comino 이렇게 세 섬이 유명해.

　마드리드에서 늦은 저녁 비행기를 타고 몰타로 떠나기 전 공항에서 카우치서핑 호스트에게 메시지를 보냈는데 무려 다섯 명의 몰타 호스트가 나를 초대하고 싶다는 답장을 보냈어. 모두 자신의 집에 놀러 오라며 나와 내 여행 이야기가 궁금하다고 했어.

　좋은 레퍼런스(후기)가 쌓이다 보니 어느덧 내가 호스트를 고르는 입장이 된 거야! 나는 다섯 명의 호스트 중 고조섬에 사는 아윱의 집에 가장 먼저 가고 싶었어. 아윱을 제외한 나머지 호스트는 몰타섬에 살고 있었고, 그의 집이 공항에서 제일 멀기도 해 동선을 효율적으로 짜고 싶었거든. 몰타에 도착하니 늦은 밤이었어. 그래서 밤 페리^{Ferry}를 타고 고조섬으로 갔지. 다시 돌아올 때는 낮 페리를

탔는데, 사람이 많아서 갑판 위가 시끌시끌했어. 하지만 밤 페리의 갑판에는 나뿐이었어. 그래서 조용히 밤바다를 구경할 수 있었어 (밤 페리 추천!).

아윱의 첫 인상은 몹시 강렬했어. 농구저지Basketball Jersey에 뒤로 쓴 스냅백Snapback과 농구화 그리고 목에 건 큰 체인목걸이까지. 스웩Swag이 넘치는 그는 이제까지의 호스트 중 단연 돋보였지. 하지만 내게 더욱 강렬하게 남은 건 배려가 배인 그의 말과 행동이야.

나는 만나기 전부터 아윱이 몹시 선한 사람이라는 걸 알 수 있었어. 아윱은 늦은 시간에 도착하는 내가 길을 잃을까 걱정해서 그 밤에 선착장까지 마중 나왔어. 그리고 집에 도착하자 엘리베이터가

없다며 내 무거운 배낭을 대신 짊어지고 계단을 올라갔어. 아무리
괜찮다고 해도 그는 계단이 많아서 자기가 들어주어야 한다고 고
집을 부렸지. 결국 그렇게 4층까지 배낭을 메고 갔어. 아욥은 땀에
흠뻑 젖은 상태로 집에 도착해서는 재빨리 샤워만 하고 나와서 직
접 햄버거와 음식을 만들어주었어. 피곤했을 텐데……. 야식을 먹
을 때도 혹여 내가 배가 고플까 햄버거 네 개를 다 주었어. 난 당연
히 명당 두 개씩 먹는 줄 알았는데 그는 자기는 햄버거를 안 좋아한
다며 전부 내 거라고…… 응? 거기에 샐러드와 다른 음식까지! 배
터지게 먹었어. 그는 내게 음식을 권할 때도 음식이 입에 맞는지 항
상 물어보았고, 맥주캔도 손수 따서 건네줄 정도로 온몸에 배려가
배어있었어.

아홉과 함께하는 시간 동안 그는 항상 무엇을 하든 날 제일 먼저 챙겼어. 자신보다도 먼저! 맥주를 마실 때도 항상 손수 캔을 따서 먼저 나에게 건넨 후 자신이 마시고, 음식을 먹을 때도 내가 음식을 먹는 걸 보고 그도 먹었지. 이런 식으로 그는 함께 고조섬을 여행하는 내내 내 의견을 물어본 후에야 행동했어. 혹시 그가 게이는 아닐까 싶었는데(이제껏 만난 게이 친구보다 더 섬세하고 다정하니까) 그는 그저 배려가 몸에 배어 있는 사람이지 게이가 아니었어.

아홉에게 난 카우치서핑 첫 게스트였는데 그래서 그에게 내가 더욱 특별했던 것 같아. 나와 시간을 보내려고 회사에 휴가를 냈을 정도였으니까! 아홉은 고조섬에서도 현지인만 안다는 아름다운

바다인 라믈라 베이Ramla Bay에 날 데리고 갔어. 보통 유명한 바다는 관광객과 장사꾼으로 북적이지만 라믈라 베이는 셀 수 있을 정도로 사람이 적었어. 덕분에 물놀이를 즐기기에 최적이었지.

집에서 30분 정도 버스를 타고 라믈라 베이 정류장에 도착한 후 해변으로 걸어가는 길에 갑자기 아욥이 주변의 언덕에 위치한 텐트를 가리키며 말했어.

"Sun! 저기 저 텐트 보여? 저런 곳에서 쉬면 참 좋겠다. 그치?"

지중해를 한눈에 볼 수 있을 테고, 텐트와 그늘막도 있어서 볕도 피할 수 있을 테고, 프라이빗한 공간이니 조용할 테고! 당연한 걸 묻다니. 공연장으로 따지면 공연장 전체에 딱 세 곳 있을법한

VVVIP석인데 말이야. 그래서 그에게 이렇게 말했어.

"날도 더운데 저기서 쉬면서 바다를 바라본다면 정말 아름답겠지. 그늘도 있고, 텐트도 있는 저긴 어렸을 때 갖고 싶던 아지트 같이 생겼는걸!"

내 대답에 그는 웃으며 이렇게 말했어.

"우리 지금 저기로 갈 거야! 저긴 우리 사장님이 만든 아지트인데, 너와 시간을 보낸다고 하니까 마음껏 사용하라고 했거든!"

게스트에게 깜짝 이벤트하는 게 요즘 트렌드인가? 여행을 하면서 놀라는 게 한두 번이 아니었는데 몰타도 예외는 아니었어. 두바이에서는 75층짜리 아파트를 보고, 오스트리아에서는 고성을 보고, 프랑크프루트에서는 화장실 없는 집을 보고(이건 좀 다른 의미로 놀랐어), 이제는 아지트라니!

언덕 아래에서는 텐트를 세워둔 정도라고 생각했는데, 올라가 보니 생각보다 훨씬 괜찮았어. 냉장고 안에는 맥주와 음료수가 가득했고 바닥에는 매트리스까지 있어 편하게 쉴 수 있었지. 어릴 때 영화에서 나무 위에 작은 아지트를 짓고 친구들과 노는 모습이 나오면 항상 부러웠는데 지중해 위의 아지트라니!

언덕 아래에는 모래사장이 펼쳐져 있고 그 앞에는 눈부시게 파란 바다가 끊임없이 빛나고 있었어. 타들어가는 것 같은 햇볕이 지중해 위에 빛을 흩뿌리고 있는 모습! 거기에 친구와 함께 시스크 ^{Cisk}(몰타의 대표 맥주) 한 잔까지!

그림 같은 지중해에서 친구와 수영하고 수다를 떨다가 사진을

찍고, 노는 게 피곤하면 아지트로 올라가서 맥주를 마시고 매트리스에서 낮잠을 자고, 다시 반복하고……. 90일 동안 여행하면서 감상하고, 보고, 경험하느라 바빴다면 아윱과의 시간은 '이제까지 힘들게 여행했으니 이제 조금 쉬어'라고 말하는 듯 편안한 휴가를 보내는 것 같았어. 유유자적. 이 표현이 가장 잘 어울릴 정도로 뭔가를 하려고 하지 않고 몸과 마음이 모두 편안한 시간을 보냈어.

한국을 떠날 때 몸무게가 79킬로그램이었는데 여행을 하면서 매달 5킬로그램씩 빠져서 세 달 만에 65킬로그램이 되었어. 총 14킬로그램이나 빠졌는데 유일하게 살이 찐 때가 아윱과 같이 보낸 시간이었을 정도로 풍족하게 잘 먹었고, 잘 쉬었지.

지금까지의 이야기만 들으면 아욥이 '금수저'일 거라 생각할 수도 있어. 하지만 그는 내가 만난 호스트 중에서도 가난한 편에 속하는 사람이야. 그는 리비아 출신으로 돈을 벌려고 몰타로 넘어와 핸드폰 수리를 하고 있어.

아욥은 자신의 월급이 많은 편은 아니지만 삶을 살기에 충분하다고 했어. 그래서 난 그가 꽤 많은 월급을 받는 줄 알았는데 그게 아니었어. 그의 월급은 100만 원이 채 안 되었거든. 하지만 크게 욕심부리지 않고 자신의 삶에 만족하며 살고 있었어. 그리고 다행히도 그의 주변에는 좋은 사람이 가득해 그들에게 많은 도움을 받고 있었어. 집도 아지트도 모두 회사 사장님이 그를 위해 제공해 주었거든. 덕분에 나와 아욥이 아지트에서 즐거운 휴가를 보낼 수 있었던 거야.

그가 받는 급여가 얼마인지 알고 나니 미안한 마음도 들고 여행이 얼마 남지 않은 상황에 여분의 돈도 남아서 함께 시간을 보낼 때마다 돈을 쓰려고 했지만 그는 절대 허락하지 않았어. 돈 신경 쓰지 말고 자신과 즐거운 시간을 보내기만 하면 더 바랄 게 없고, 돈은 또 벌면 되니 하나도 아깝지 않다면서 말이야.

3일 동안 그와 고조섬에서 즐거운 시간을 보내고 다른 호스트를 만나려고 몰타섬으로 넘어가는 날도 그는 언제나처럼 요리를 만들어주었어. 그가 출근하기 전 마지막 인사를 나누는데 그가 가기 전에 부탁이 있다며 자기 말을 꼭 들어달라고 했어. 그의 부탁이 무엇인지는 모르지만 일단 "yes"라고 답해달라는 그의 말에 알겠다고 했지. 그가 이상한 부탁을 하지 않을 건 분명하고, 그에게 작은 선물을 주긴 했지만 그것으로는 고마움을 다 표현하기엔 턱없이 부족했으니까.

그는 내 대답을 듣고 나서 내 손에 10유로 지폐 한 장과 몇 개의 동전을 쥐어주었어. 10유로는 몰타를 떠나는 날까지 굶지 말고 맛있는 음식을 사먹고, 자신을 보러 와줘 고맙다며 동전은 왕복 페리 값으로 사용하라는 말과 함께 말이야. 그러고는 꼭 받아달라고 했어.

자신도 넉넉하게 사는 게 아님에도 떠나는 날까지 그는 자신보다 날 더 걱정했어. 그는 한국에 있는 내 집과 내 생활을 사진으로 봐서 자기보다 내가 더 넉넉한 삶을 살고 있는 걸 충분히 알고 있었어. 그리고 곧 한국으로 돌아가는 것도, 여행경비가 남아있는 것조차 알고 있었지. 나는 이런저런 이유를 말하며 돈은 정말 괜찮다고 했지만 그는 중요한 건 그런 게 아니라고 했어. 자신을 믿고 여기까지 와줘서 고맙고 함께 좋은 시간을 보내줘서 고맙다며 떠나는 친구에게 주는 자신의 마음이니 돈으로 생각하지 말고 받아주었으면 좋겠다고 했어.

정말 눈물나도록 고마운 건 나인데, 진심으로 고마워하는 그를 보고 '이 여행 참 잘했다'는 생각이 들었어. 이런 마음 따뜻한 사람을 어디서 또 만날 수 있을까!

패키지여행도 좋고, 호스텔과 호텔을 다니며 좋은 것을 보고 좋은 음식을 먹으며 다니는 여행도 물론 가치 있고 좋아. 하지만 가끔은 현지인에게 다가가 봐! 나처럼 지중해가 한눈에 보이는 멋진 아지트에 초대받아 그곳에서 멋진 휴가를 보낼 수 있을지도 모르잖아? 그리고 정말 좋은 친구도 만들고 말이야!

네가 원하는 여행은 네가 만들 수 있어. 특별한 휴가를 원한다면 주변을 둘러봐. 널 위한 여행이 기다리고 있어.

100만 원으로 여행할 수 있는 꿀팁 38.

몰타의 교통은 그리 좋은 편이 아니야. 버스의 배차 간격은 보통 한 시간이 기본이고 차량 통행도 우리나라와 반대여서 렌트하기에도 그렇게 좋지 않아. 그러니 버스 시간을 미리 확인하는 게 좋아. 탈린자Tallinja라는 어플에 몰타 버스 시간과 지도 정보가 나와 있으니 참고해. 그리고 몰타섬에서 고조섬으로 갈 때는 페리를 이용해야 해. 몰타섬에서 고조섬으로 갈 때는 표를 구매하지 않지만, 다시 몰타섬으로 돌아갈 때 왕복요금을 내야 하니 참고해! 몰타에서 고조섬으로 넘어가는 페리의 시간표와 가격은 gozochennel.com에서 확인할 수 있어.

몰타 유학생 간접 경험하기

| "Excuse me, Where is the chinese restaurant?"

몰타의 수도, 발레타의 밤거리를 자유롭게 걷고 있는데 누군가 나에게 중국 요리 가게 위치를 물어보았어. 나도 현지인이 아니니 잘 몰라서 "Sorry, I don't know"라고 답하고 가려고 했는데 얼굴을 자세히 보니 한국 사람 같은 거야. 그래서 그냥 지나가려는 그에게 말을 걸어봤어.

"그런데, 혹시 한국 사람 아니세요?"

"어? 네! 한국 사람이세요?"

"아, 네……."

까맣게 탄 피부에 긴 머리, 터덜터덜 목적지 없이 걷는 듯한 발걸음, 지도나 그 흔한 가이드북 하나 없는 두 손, 배낭은커녕 힙색이나 에코백 같은 간단한 가방도 없이 편하게 걸어 다니는 모습. 몰타에서 만난 성진이 형이 본 내 첫 인상이야. 목적지가 딱히 없어서 당연히 목적지 없이 걸었고, 길을 잃으면 돌아가면 되고, 가방은 이미 몰타섬의 호스트인 스테파노Stefano의 집에 두고 나온 길이었어. 성진이 형은 내 외모에서 풍기는 분위기가 마치 몰타 해변에서 서핑을 하다가 밤에 산책 나온 현지인 같았다고 했어. 그래서 영어로 길을 물어봤다고 하더라고.

고조섬에서 아욥과 헤어진 후, 나는 페리를 타고 다시 몰타섬으로 넘어왔어. 몰타섬에서는 스테파노와 만나기로 약속이 돼 있어서 그의 집으로 버스를 타고 가는데 우연히 버스 안에서 그와 만났어! 좌석에 앉아 있는 내 모습을 스테파노가 알아보고 말을 걸었지. 덕분에 헤매지 않고 그의 집에 쉽게 도착했어. 집 근처까지 와서 헤맨 날도 많은데, 몰타에서는 정말 모든 게 다 잘 풀렸어.

이집 저집, 많은 호스트의 초대에 잘 곳도 넉넉했고, 가는 곳마다 음식도 넉넉히 먹었어. 게다가 경비가 여유롭게 남아 10회 교통권까지 구매했지! 덕분에 힘들게 오래 걷거나 히치하이킹을 하지 않아도 돼서 몸도 마음도 시간도 모두 여유로웠어.

성진이 형과 대화하면서 주변 길을 물어보며 중국집을 찾아갔지만 문이 닫혀 있었어. 가는 동안 들려준 여행 이야기에 형은 더 듣고 싶다며 내게 밥을 한 끼 사주고 싶다고 했어. 레스토랑 음식 값이 비싼 편이었는데 파스타와 스테이크, 게다가 와인까지! 형은 맘껏

먹으라며 이것저것 시켜주었어. 나와 비슷한 나이일 거라 생각해서 이렇게 비싼 음식은 괜찮다고 했는데, 알고 보니 형은 엄청난 동안이어서 나와 나이 차이가 꽤 많이 나더라. 게다가 형은 치과 의사라 많이 버는 만큼 넉넉하게 쓰면서 여행을 하는 스타일이었어.

이렇게 우연히 만난 성진이 형 덕분에 즐겁게 이야기도 하고 배부르게 먹고 돌아가려는데, 형이 몰타에서 만난 친구를 함께 만나러 가지 않겠냐고 제안했어. 그리고 자신이 지내고 있는 호텔에 킹 사이즈 침대가 두 개니까 괜찮으면 자고 가도 좋다고 했어. 1박에 40만 원이 넘는 비싼 호텔에서 말이야! 두말할 필요도 없이 바로 호텔에 놀러 갔지.

호텔에는 이미 성진이 형의 이야기를 듣고 모인 내 또래 유학생

다섯 명(석현이, 장우, 희수, 새은이, 상길이)이 모여 있었어. 내 여행 이야 기를 들은 아이들은 자유로운 내 여행을 부러워하고, 유학생활이 어떤지 들은 난 안정적으로 외국 생활을 하는 아이들이 부러웠어. 원래 남의 떡이 더 커 보이는 법이잖아? 여행에서도, 삶에서도 마 찬가지인가 봐.

아이들은 몰타에서 가장 핫한 곳을 소개시켜주겠다며 나를 파 처빌Paceville로 데려갔어. 파처빌에는 고즈넉함이 느껴지는 고조섬 의 일상과는 정반대인 몰타섬의 화려한 밤이 있었어. 대형스피커 에서 나오는 베이스 소리에 온몸이 울리고, 미친듯이 춤추는 사람 들과 아이들이 끊임없이 건네주는 데킬라에 여기가 홍대인지 몰타인지 구분이 가지 않을 정도로 흥겨웠어. 이비자 이후로 한동안 잠잠하던 마음에 다시 불을 질러 다섯 시까지 클럽감성을 활활 불태웠어.

이날 친해진 장우와 석현이는 몰타를 떠나는 날까지 함께 지내고 싶다며 자신의 기숙사로 나를 초대했어. 사실 이미 다른 호스트에게 초대를 받았지만 유학생활이 궁금했어. 다행히 미팅하기로 한 호스트에게 메시지를 보내니 "그럼 다음에 보자"라는 아주 쿨한 답장이 돌아왔어. 이렇게 몰타 간접 유학생 생활이 시작됐지.

우선 간접 유학생 생활의 가장 좋은 점은 외국인 호스트와의 식사에서는 먹을 수 없던 한식을 먹을 수 있었다는 거야! 이런저런 대화를 하다가 한식을 마지막으로 먹은 게 언젠지 이야기했는데, 한 달도 넘었다는 내 이야기에 놀란 아이들이 한식을 만들어 먹자며 삼겹살을 사오고 각자 챙겨온 즉석 밥, 컵라면, 짜장라면을 가져왔어. 오랜만에 먹는 한식은 최고였어. 역시 질리지 않는 한식이 진리지. 게다가 마무리로 아이스크림까지!

아이들의 수업이 끝나면 가까운 바다에서 함께 수영하고, 태닝하고, 돌아와서 수영장에서 또 수영하고, 밤에는 클럽에서 음악과 술을 즐기는 생활! 유유자적한 고조섬과는 정반대의 생활이었어. 이렇게 매일 노는 것 같지만(실제로 매일 놀지만), 아이들은 놀 때 신나게 노는 만큼 어학공부도 게을리하지 않았어. 때문에 아이들이 수업을 들으러 가면 나는 혼자 남아서 글을 쓰거나 음악을 들으며 시간을 보냈지.

　나는 여느 여행자와 달리 잘 곳 걱정을 하지 않아도 되는 유학생이 부러웠는데, 장우와 석현이 덕분에 그 생활을 즐기게 된 거야. 겨우 3일이라는 짧은 시간이었지만 몹시 만족스러운 생활이었지.

　여행을 떠나기 전에는 해외여행을 떠나는 친구가 부러웠고, 100만 원으로 유럽을 여행할 때는 넉넉하게 돈을 쓰며 여행하는 여행자가 부러웠고, 끊임없이 이 도시 저 도시를 여행할 때는 안정적인 해외생활을 하는 유학생이 부러웠어. 항상 타인을 보며 그들이 누리는 좋은 점만 바라보고 부러워했지. 하지만 막상 그들의 삶을 잠시나마 경험해보니 내 생각과는 다른, 그들만의 어려움이 있었어.

　사실 당연한 일이지. 하지만 상황이 힘들어서 혹은 그렇게라도 투정 부리며 기대고 싶어서 부러워한 게 아닐까? 몰타 유학생 생활을 간접 체험한 3일과 한국에서의 생활은 크게 다르지 않았어. 하지만 짧게라도 그들의 생활을 경험해보지 못했다면 아직도 부러워하고 있을지도 몰라.

　나는 이날을 교훈 삼아 지금은 무엇을 하더라도 남을 크게 부러워하지 않으려 해. 비단 여행뿐 아니라 다른 사람의 삶도, 다른 사람의 직업도, 다른 사람의 부나 명예도 말이야. 나보다 나아보인다고 그들에게 고통이나 단점이 없는 것은 아님을 알았으니까. 솔직히 아직은 조금 어렵지만, 노력하고 있어. 그리고 정말 부러우면 부러워하지만 말고 도전하려고!

　마지막 여행지인 몰타를 떠나는 날, 아이들은 마지막으로 얼굴을 꼭 보고 가야 한다며 쉬는 시간을 쪼개서 날 배웅 나왔어. 비행기를 타면 기내식이 나온다고 몇 번을 거절했지만 석현이는 뭐라도 먹이고 보내야 한다며 빵과 콜라를 사줬고, 우리는 함께 음식을 나눠먹으며 마지막 인사를 나눴어. 그리고 나는 드디어 모든 여행을 마치고 한국으로 돌아가는 비행기를 탔어.

　14개국 30개 도시의 길고 긴 여행을 마무리할 때가 온 거지.

100만 원으로 여행할 수 있는 꿀팁 39.

카우치서핑은 처음이 힘들지 레퍼런스(후기)가 쌓이면 오히려 여기저기 초대가 들어오는 경우가 많아져. 처음엔 네가 어떤 사람인지 보증되지 않아 초대를 꺼려하지만 많은 사람이 너와의 만남이 즐거웠다는 후기를 남긴다면 호스트들이 널 만나고 싶어 하기도 해. 그럼 처음엔 어떻게 하냐고? 가장 좋은 건 네가 호스트가 되어서 한국에서 외국인들을 초대하거나, 정말 추천하진 않지만 친구에게 부탁해서 레퍼런스를 남겨달라고 부탁하는 거야.

에피소드 40.
남은 일주일은
한국에서 떠나는 유럽여행

│눈치챘을지도 모르지만, 고백하자면 내 여행은 정확히는 95일, 비행기에서 보낸 시간을 제외하면 93일간의 여행이야. 그러니 정확히는 100만 원으로 93일을 여행한 거지. 여행하면서 남은 일주일을 어떻게 보낼지 고민하다 한국에 돌아와서 무전여행으로 채워야겠다고 생각했어. 그런데 여행을 하면서 많은 사람의 도움을 받고 그들과 이야기하면서 국내 무전여행보다는 그들에게 받은 이 따뜻한 마음과 호의를 한국에서 다른 여행자에게 돌려주는 게 더 좋겠다는 생각이 들었어. 그래서 한국에 돌아온 후부터 호스트가 돼 외국인 여행자를 초대하기 시작했지.

나의 첫 게스트는 2016년 12월에 러시아에서 온 발레리아^{Valeria}

야. 그녀는 2주간 한국에서 시간을 보내려고 호스트를 찾고 있다며 나에게 초대요청을 보냈어. 그런데 하필 이때 지내고 있던 원룸 계약이 끝나서 방을 뺐지 뭐야. 고시원으로 들어갈 계획이었거든. 고시원을 알아보면서 인천에 있는 18년 지기 친구인 준호네 집에서 함께 지내고 있었는데, 그녀가 귀국을 며칠 앞두고 호스트를 구하지 못해 괴로워해서 준호의 동의를 얻어 그녀를 초대했어.

이제껏 게스트로서 호스트를 만나다가 호스트가 되어 게스트를 만나니 마음이 설렘에 두근거렸어. 게스트가 어떤 성격일지, 어떤 여행을 원할지도 궁금하고, 같이 다니고 싶어하면 어디를 데리고 갈지, 무엇을 함께 먹을지 등 다양한 생각에 속이 울렁거릴 정도로!

발레리아는 많은 시간을 나와 함께 보내는 걸 선호했어. 그래서 나는 내가 여행을 하며 만난 친구들이 그랬듯이 서울과 인천 곳곳을 여행하거나 내 친구를 소개시켜주고 파티를 즐기기도 했어. 인천 모래내시장에서 먹은 부침개는 프라하 하늘공원에서 먹은 케밥 같았고, 홍대와 합정의 카페에서 마신 커피는 토리노에서 마신 커피를 생각나게 했고, 한강에서 함께 사진을 찍으며 보낸 시간은 암스테르담에 있는 것 같은 기분이었어. 내가 유럽의 많은 도시에서 그랬듯 이번에는 한국에서 그녀에게 좋은 시간을 만들어 주고 싶었지.

지로나에서 만난 존John처럼 내 친구들에게 연락해서 함께 만나 육회와 소주를 먹고 마시기도 했어. 준호네 집이 인천에 있다 보니 서울과 거리가 있어서 발레리아가 서울에서 시간을 보내기 불편하겠다는 생각이 들었어. 그래서 좀 더 편한 시간을 보낼 수 있도록 몰타에서 만난 성진이 형에게 부탁했더니 형이 흔쾌히 그녀의 호스트가 되어 주었어. 이렇게 보름 동안 함께 시간을 보내고 내 첫 게스트, 발레리아가 떠났어. 그녀는 러시아에 오면 언제든지 연락하라는 말을 남기고 돌아갔지.

이렇게 남은 5일, 정확히는 7일을 이미 모두 채웠지만 앞으로도 나는 끊임없이 호스트가 돼 외국인을 초대하려고 해. 100일 동안 받은 많은 호의를 2주 만에 모두 전할 수는 없잖아? 워낙 친구에게 받은 호의가 많고 무거워서 아마 모두 나누어주려면 꽤 오래 호스트를 해야 할 것 같아.

비록 글을 쓰고 있는 지금은 고시원 생활을 하고 있어서 게스트를 받을 수 없지만, 주변 친구와 지인에게 카우치서핑을 알리고 게스트와 호스트를 이어주는 역할을 하며 도움을 주고 있어. 하루 빨리 내 집을 마련해 다시 호스트가 되어야지. 그리고 집을 마련하는 그날, 한국 카우치서핑 기네스북을 세우는 것을 새롭게 버킷리스트로 삼을까 봐.

나는 한국에 있어도 이렇게 계속해서 유럽여행을 하려고 해. 만약 네가 비행기를 타기 어려운 상황이면 카우치서핑을 타고 전 세계를 여행해봐!

100만 원으로 여행할 수 있는 꿀팁 40.

혹시 여행을 하다가 카우치서핑을 이용하거나 현지인과 친구가 되어 집에 초대받은 적이 있어? 그럼 이젠, 네가 호스트가 되어 볼 차례야! 카우치서핑의 '내 프로필'에서 Hosting Availability를 Accepting Guest로 변경하고, 여행자들의 메시지를 기다려 봐. 혹은 적극적으로 Emergency Group에서 도움의 손길을 보내는 여행자를 도와주거나, 길에서 외국인을 만나면 먼저 말을 걸어보는 것도 좋아!

Thanks to.

│거칠고 어려운 여행하느라 힘들었지? 고생 많았어. 드디어 우리 여행도 마무리 할 때가 왔어. 함께 고생한 너에게 한 가지 말하고 싶은 게 있어. 실은 우리, 14개 나라, 30개 도시를 여행하면서 네가 만난 사람들보다(책에서 언급한 사람들) 훨씬 더 많은 사람들을 만나고 도움을 주고받으며 여행했어. 정해진 분량 안에서 흥미로운 에피소드 위주로 여행하다 보니 한 사람, 한 사람과의 소중한 인연을 그리고 감사함을 모두 표현하지 못한 게 너무 아쉬워. 그렇다고 해서 잊은 건 절대 아니야!

조금은 진지하게 감사함을 표현하고 싶어요. 14개의 나라를 여행했지만 그보다 훨씬 더 많은 국적의 사람들에게 도움을 받았어요. 현지에서 물질적으로 도움을 주신 분들뿐 아니라 멀리서 진심으로 걱정해주고 응원해주신 많은 분들 덕분에 여행을 잘 마칠 수 있었습니다.

낯선 외국 땅에서 처음 본 낯선 사람에게 친절을 베풀어주는 일은 결코 쉽지 않은데 크고 작음에 상관없이, 다양한 국적의 사람들에게 따뜻한 마음 많이 받았습니다. 감사합니다.

한 분, 한 분 모두 적으려고 노력했지만 날이 갈수록 나빠지는 기억력 탓에 언급하지 못한 분이 계실 수도 있습니다. 거의 그럴 가능성이 더 높습니다. 혹여나 언급이 되지 않았다면 너무 섭섭해 마시고 꼭 저에게 연락 주세요. 재쇄 찍을 때 꼭 추가하고 한 부 보내드리겠습니다!

Korea

Reis MH_ 그 어떤 누구보다 항상 마음 졸이며 여행을 지켜보셨을 당신에게 이 책을 바칩니다. 고맙습니다.

이정헌 교수님_ 글재주가 없다고 생각한 저에게 펜을 잡을 용기를 주신 교수님. 말 잘하는 사람과 글 잘 쓰는 사람은 무시할 수 없다는 교수님의 말씀 덕분에 책을 완성할 수 있었습니다. 대학을 다니며 가장 좋았던 일은 교수님의 가르침이었습니다. 감사합니다!

박소정_ 네 도움이 없었다면 책은커녕 여행을 떠날 수조차 없었을 거야. 떠나는 날까지도 빠진 물건이 없는지 확인하며 신경써주었기에 여행을 잘 마칠 수 있었어. 고마워.

윤준호_ "너 죽으면 나도 죽는다"던 네 덕분에 죽지 않으려고 많이 노력했다 친구야. 고마워.

이연종_ 형이 아니었더라면 이런 좋은 기회는 없었겠죠? 외국에서도 한국에서도 많은 도움 주셔서 항상 큰 힘이 됐어요. 감사합니다.

이현주_ 어렸을 적부터 널 보며 '글을 잘 쓰고 싶다'는 생각을 해왔어. 힘들게 글 쓰는 거 알고 항상 걱정해주는 엄마 같은 네 보살핌에 굶어죽지 않고 여행 잘 마무리 했어. 고마워.

정종성_ 여행을 떠나기 전에도, 여행 중에도, 다녀 온 후에도 한결같은 너의 걱정과 도움 덕분에 이렇게 출간까지 할 수 있었어. 항상 좋은 말로 용기를 주고, 응원해준 네 힘이 정말 컸어. 고마워.

정종현_ "누굴 따라하려 하지 말고 네 방식으로 써봐. 김병선 문체로" 이 말 한 마디에 다시 힘내서 시작할 수 있었어요. 항상 형의 생각에, 필력에 보는 것만으로 도움을 많이 받았어요. 감사합니다.

최윤영_ 원고요정의 도움이 없었다면 원고 마무리는 어려웠을 거야. 출판사 데드라인보다 네가 정해준 데드라인에 더 열심이었기에 (편집장님 죄송해요……) 잘 끝낼 수 있었어. 초고부터 탈고까지 책 속에 네가 없던 곳이 없었어. 항상 힘이 되어줘서 고마워.

허이슬_ 여행하는 내내 엄마처럼 신경써주신 덕분에 무탈하게 다녀올 수 있었어요. 감사합니다.

Arab Emirates

이예신_ 한국인이라는 공통점 하나만으로 처음 만난 저에게 식사를 사주신 어머님. 그 따뜻한 마음이 가장 처음 받은 호의였어요. 30년이 넘도록 네팔에서 지내고 계시지만 항상 마음만은 한국에 계신 어머님. 언제든지 네팔에 오면 연락하라고 하셨으니 저 정말 가요! 감사합니다.

Muhammad Yasir Nazir_ If I didn't meet you, Dubai is nothing for me. Thank you.

United Kindom

Ranjan Sidhu_ Even though you were so busy, you always took care of me. Thank you.

Dawid Wojcik_ I could travel well because of card you gave. Thank you.

권민정_ 브리스턴Brighton에서 너도 힘들게 생활하면서 오랜만에 만난 날 위해 식당에서도, 아이스크림가게에서도, 심지어 차비까지. 그것도 모자라 집에서 요리까지 해준 네 덕분에 브리스턴은 정말 'bright'한 도시였어. 몸 조심히 한국으로 돌아오길 바라. 고마워.

Hungary

Vivien_ I will always remember you said, "My pleasure!" Köszönöm.

륜정·미혜_ 부다페스트에서 고향 사람을 만날 줄! 얼굴도 마음도 예쁘던 너희 둘. 오랫동안 사이좋게 여행하길 바라. 고마워.

이재원·진수민_ 부다페스트 야경은 함께 했기에 더 좋았어요. 셋이 아니었더라면 그 무서운 길, 못 올라갔겠죠? 고마워요.

송다영_ 부다페스트의 낮은 체리와 함께여서 달달했어. 고마워.

Furkan Koca_ Because of you I could go to praha well. Teşekkür ederim.

Alexandra Horvath_ In my travel, you were the first female driver for me. Until now I had a gift you gave. Teşekkür ederim.

Austria

Konstantin Zilberburg_ I will never forget first day in Wien, I'm missing our time, Спасибо.

Aya · Danielle · Julia_ It was great days. You made me comfortable, so I could stay well, Спасибо.

Micheal_ It was the first time to stay castle. When I go to Austria again, I will go to Steinabrunn first. And we'll meet again! Vielen Dank.

손태경 · 우혜승 · 최지연_ 유럽에서 한국인 차를 얻어 탈 줄은 꿈에도 몰랐어요. 미모의 세 여 간호사! 가는 길에 주신 물도 잘 마셨어요. 고마워요.

Czech

Daniel Ubillus_ I miss all the time I've been with you and your friends. Luna also! Obrigado.

장민혜 · 장혜민_ 정말 보기 좋았던 자매. 사이좋게 여행하는 모습이 부러웠어요! 힘내라고 건네주신 라떼 한 잔, 아직도 못 잊고 있어요! 고마워요.

Germany

Friedrich Feisen_ The football game we saw together was the best game in my life bro. Vielen Dank.

Gerardo Garcia Vazquez_ In the morning, you played piano for me. It was so sweet. I was best piano performance. Gracias.

Ozgur Irmak(Malaya)_ Throughout my travel, Your home was most comportable. Vielen Dank.

김혜란_ 처음 만나는 저에게 친동생처럼 잘해주셔서 감동이었어요. 그날 헤어지기 전에 주신 초콜릿, 정말 맛있었어요! 감사해요.

신규림_ 신입생 때 이후로 만나지 못했는데 먼저 메시지 보내줘서 놀랐어. 덕분에 프랑크푸르트에서 좋은 시간 보낼 수 있었어. 고마워.

Netherlands

Arthur Guiot_ You're more valuable than Hermes. I'll keep the Hermes you gave me for a lifetime. Dank je.

Belgium

Andre_ I was able to change my stereotype of nudist and nudism. And The food you cook for me was wonderful! Dank je.

Wannes Borghgraef_ Whenever Someone ask me about Potato Fries, I always answer "It's Belgian Fries!" Dank je.

문은희·이계원·전예은·정연화_ 한복 입은 모습에 보기 좋다며 말없이 커피 한 잔 건네주신 그날. 브뤼셀이었는데 덕분에 몸도 마음도 시원했어요. 항상 화목하시길 바랄게요! 감사합니다.

박서빈_ 50센트! 오빠가 꼭 쓴다고 했지? 50센트 덕분에 살았어. 얼른 한국 와야지! 고마워.

최준혁_ 10킬로미터를 다시 걸어서 돌아갈 내가 안쓰러워 호텔에 초대해 준 네 덕분에 다음 날 파리로 가는 발걸음이 가벼웠어. 한 달 만에 라면도 먹고! 고마워.

유지은·이윤나·이은경·정샛별·조재호·최정원·최재민_ 그랑 플라스에서 다 함께 모여서 이야기한 날은 브뤼셀에서 가장 좋았던 날이었어. 다들 고마워.

France

Loic Lacaille_ Pizza, Park, Package, Photo, Perfect! It was only one day but it was a really good time. Merci.

Pascal Delabouglise_ You're the most versatile person I've met. So it was a good time to have a conversation with you. Merci.

이강원_ 파리에서 두 달 살기라는 멋진 여행을 하던 너. 만나러 오는 길에 음료수와 샌드위치까지 사 온 너의 마음에 한 번, KFC에 또 한 번 감동했어. 파리의 반은 너야. 알지? 고마워.

Eduardo Rafael_ When we said goodbye, You said to me "Never forget that we met" I will never forget our memories. Gracias.

Yoann Aubrun_ The day you gave me the card was the only day I could see Paris properly. Merci.

David_ Because you helped me, I was able to camp near Montblanc. I hope to be filled with good things in your way. Merci.

Philippe Ferrandis_ You're the one who made me realize the importance of finishing. Every evening, A dinner was great. Merci.

Switzerland

Damien Tanguy_ I think There will be no one as cool as you bro. While I was in your house, I felt the greatest freedom. Merci.

Italy

Abby Nuvolina_ My first female host! Wine, Pasta, Talk, It was a really good time. 谢谢.

Luca Porcu_ I still have not met someone as understanding as you. The porn actor is doing well. Grazie.

Iuliia Bautdinova_ The day I met you was like a midsummer night's dream. Don't forget to contact me when you come to Korea. Спасибо.

Spain

John R Liz_ No matter what, You're just my best friend. If I didn't meet you, I would have left Girona in a day. Gracias.

Manel Millanes_ I will be kind to tourist like your amazing korean travel story.

How can I forget to moment of shooting star with you? Gracias.

방제훈_ 무덤덤하게 건네주시는 모든 것이 쿨한 것 같았지만 정말 따뜻했어요. 형이 아니었다면 벙커에서 아름다운 바르셀로나의 야경은 볼 수 없었겠죠? 감사해요.

Work Camp

Agata · Aitziber Miguel Oyarbide · Anastasya Vorobyova · Camile Berger · Daniele Alcide Bandera · Federica Bullo · Izabela lazarowicz · Ketter Laurits · Marie Schlenker · Takumi Yabana · Valentin Le Louer_ It was great time to be able to live with you for two weeks. Whenever you visit Korea, don't hesitate to contact me. Dziękuję Ci. Gracias. Дякую.

Grazie. Aitäh. Vielen Dank. ありがとう. Merci.

Ibiza

엄지이_ 발대식부터 이비자까지 함께한 지이. 네 덕분에 새로운 캠프에서도 시간을 보낼 수 있었어. 만날 때마다 항상 활짝 웃어줘서 힘이 많이 났어. 고마워.

MJ_ 이비자에서 널 빼놓고 이야기할 수 있을까? 내가 느낀 고마움을 책으로 차마 다 표현하지 못해서 아쉽다. 우리 서른 되기 전에 다시 한 번 이비자에 가야지? 우슈아이아도, 페인트파티도, 보트파티도 모두 네가 있어서 즐거웠어. Bro! 고마워.

기호연·이근정_ 아마 너희가 아니었다면 그렇게 미친 듯이 놀지 못했을 거야. 고마워.

김경윤_ 만날 때마다 새로운 관점을 불어넣어 주는 넌 이비자의 바다보다 신비로워. 고마워.

강건호_ 내 여행의 10퍼센트를 차지하는 네 덕분에 항상 힘이 났어. 다음 여행에도 너와 함께라면 어디든 즐거울 거라 생각이 들만큼 너와의 시간이 좋았어. 그런데 황금 줄은 좀 어려울 것 같아. 고마워.

김현우_ 잘생긴 외모에 성격은 온화하고, 유머 있기까지. 대체 너의 부족한 점은 뭘까? 'PACHA'에서 너와 함께여서 즐겁게 보낼 수 있었어. 고마워.

이혜빈_ 이비자의 꽃. 성격 좋은 네 덕에 우리가 하나 될 수 있지 않았나 싶어. 그 어떤 아름다운 여행지에서도 너만큼 아름다운 꽃은 찾을 수 없을 거야. 고마워.

정승진_ 나보다 더 형 같았던 네 덕분에 마음 편안히 여행을 즐길 수 있었어. 배려가 몸에 배어있는 너의 모습에 내가 더 많은 것을 배웠어. 너를 보며 너 같은 동생이, 너 같은 형이 있었으면 좋겠다는 생각이 들었어. 고마워.

최서빈_ 발길 가는 대로 여행을 하는 너의 자유로운 여행은 나에게 새로운 충격이었어. 어디서든 당당한 네 모습은 어디서든 빛이 나는 거 알지? 고마워.

Valencia

Samuel Zanon Saez_ Ko! No olvidare nunca todo lo que ha hecho por mi.

Hasta luego. Muchas Gracias.

박은정·유도진·정지은_ 발렌시아가 좋은 기억으로 남을 수 있었던 건 베풀어 주신 호의 덕분이에요. 고마워요.

Ahmed Ali_ The best memory in Valencia is the time to play beach volleyball with you. شكراً.

Madrid

Sebastien_ I appreciate to help me that day. Gracias.

Pedro Morchon Camino_ In an Airplane, I was lucky to seat next you. Gracias.

Miguel_ If you didn't help me, Madrid will be memorized badly. Gracias.

Portugal

이은미_ 행운의 여신. 강가를 거닐며 함께 마신 건 맥주가 아니라 행운의 약이었을지도 몰라요. 좋은 에너지를 받아서 포르투갈에서의 모든 날이 좋았어요. 고마워요.

Abdallah Tennani_ Whenever I thought about you, I was really sad because I miss the time we spent together. I promised that I will meet you again ASAP. I hope you to take care yourself. See you soon bro! شكراً.

Pedro Goncalves Bras_ I could see the real picture of Porto. Obrigado.

Malta

Ayyuob Elhouni_ I've never seen such a considerate guy better than you in whole life. Nothing was more beautiful than your heart in Gozo island. شكراً.

Stefano Diquattro_ Despite you were so busy, you invited me to your house. We didn't have enough time to spent together. I know how nice you are. Thank you.

민성진_ 형의 주변에 항상 좋은 사람이 가득한 이유를 만난 지 1분 만에 알 수 있었어요. 마음이 부자인 형을 보며 삶을 어떻게 살아가야 하는지도 많이 생각하게 됐어요. 고마워요.

이장욱_ "형, 제 침대 쓰세요!" 거실에 짐을 풀자마자 네가 한 첫 마디에 놀랐어. 이것저것 생각하지 않고 상대를 생각하는 마음씀씀이 덕분에 잘 지낼 수 있었어. 고마워.

정석현_ 만날 때마다 내 끼니 걱정을 대신 해주던 너. 가는 날까지 도 빈속으로 보내면 안 된다며 이것저것 손에 쥐어주던 넌 어디서든 사랑받을 거야. 고마워.

김희수·유상길·최새은_ 몰타를 떠나는 날까지도 함께 해준 너희 의 모습이 아직도 선명해. 함께 다닌 파처빌도, 수영장도, 몰타의 길거 리도 모두가 너희 덕분에 좋았어. 고마워.

그리고 저와 함께 힘들지만 즐겁고 행복한 여행을 다녀온 모든 독 자 여러분, 감사합니다.